测井技术服务员工情景约束的形成与优化

THE FORMATION AND OPTIMIZATION OF SITUATIONAL CONSTRAINTS AMONG WELL LOGGING EMPLOYEES

张露小荷　著

石油工业出版社

图书在版编目（CIP）数据

测井技术服务员工情景约束的形成与优化/张露小荷著. -- 北京：石油工业出版社, 2025. 6. -- ISBN 978-7-5183-7626-1

Ⅰ. P631.8

中国国家版本馆 CIP 数据核字第 20255VA438 号

测井技术服务员工情景约束的形成与优化

张露小荷 著

出版发行：石油工业出版社
（北京市朝阳区安华里二区 1 号楼 100011）
网　　址：www.petropub.com
编　辑　部：(010) 64523631　图书营销中心：(010) 64523633
印　　刷：北京中石油彩色印刷有限责任公司

2025 年 6 月第 1 版　2025 年 6 月第 1 次印刷
710 毫米 ×1000 毫米　开本：1/16　印张：18.25
字数：220 千字

定　价：108.00 元
（如发现印装质量问题，我社图书营销中心负责调换）
版权所有，翻印必究

前 言

随着全球对可持续能源的需求增加，油田工程技术服务企业面临能源转型和气候变化的挑战。同时，油田的开采难度上升，企业迫切需要寻找新的石油资源并采用更高效的开采技术。在此背景下，油气勘探开发的基础是测井技术服务员工的工作绩效，他们的工作成果直接影响企业的生产效率、质量以及组织竞争力。为了更好地理解工作绩效波动，现有研究已利用员工的能力和动机等变量取得了一定进展。然而，这些研究往往忽略了直接或间接导致绩效差异的情景因素，这些因素可能影响测井技术服务员工将能力和动机转化为有效绩效的能力。

在组织中，即便员工具备动机和能力来完成工作任务，但他们也可能受到不能控制的情景特征的阻碍。这种超出员工控制范围的约束感知即员工情景约束。为了保障能源供应的稳定，测井技术服务企业的管理模式通常以强化指挥结构和执行能力为主。家长式领导能够快速调配资源，有助于石油勘探和开采面对复杂的环境和技术挑战。此外，石油天然气行业在艰苦工作条件下的工作要求与资源配置也会影响测井技术服务员工的能力和动机发挥。因此，运用场理论和工作要求-资源模型，选择工作要求、工作资源以及家长式领导作为影响测井技术服务员工情景约束的关键因素，将探索这些要素的单独作用及其相互作用对测井技术服务员工情景约束的影响。基于压力认知评价理论，还将分析测井技术服务员工情景约束对工作态度和工作产出的影响过程,并探讨成长型思维模式在测井技术服务员工情景约束与压力认知评价之间的调节效应。本书旨在揭示压力认知评价的中介作用及其边界条件,从而理清测井技术服务员工情景约束对工作绩效的影响。本书聚焦测井技术服务员工,通过对样本员工及其领导进行问卷调查,利用多元回归分析、结构方程模型等统计分析方法验证研究假设。根据实证研究结果,结合测井技术服务企业的工作情景,提出了具体的管理建议。

本书的主要成果如下:(1)编制了测井技术服务员工情景约束量表。现有大部分情景约束的测量工具通用于任何组织和职业,未能考虑不同职业特点与情景约束之间的关联,因此不能真实反映目标人群的工作情景。依照量表开发程序,对测井技术服务员工进行了半结构化访谈,并从访谈内容提取主题单元后,最终形成了9个题项的测井技术服务员工情景约束量表。(2)探索测井技术服务员工情景约束的形成机理。对测井技术服务企业369份样本数据进行共同方法偏差检验、共线性检验和区分效度检验。通过多元回归分析和结构方程模型,检验研究假设和研究模型的稳定性。研究结果表明,工作要求、工作资源和家长式领导是测井技术服务员工情景约束的关键影响因素,其中,除了仁慈领导以外,其余影响因素与测井技术服务员工情景约束之间存在曲线关系;工作要求和工作资源能在不同程度上调节家长式领导与测井技术服务员工情景约束之间的关系。(3)探讨测井技术服务员工情景约束对工作绩效的影响。通过分析测井队长与员工的配对数据,测井技术服务员工情景约束并不直接影响工作敬业度和工作绩效;而员工对情景约束的认知评价在情景约束与工作敬业度和工作绩效之间存在中介效应。此外,成长型思维对威胁性认知评价的间接效应呈负向调节作用。

本书的主要贡献如下:(1)修订的员工情景约束量表结合了我

国测井技术服务行业的实际工作情景。该量表较为真实、准确地反映了工作目标冲突或资源不足在测井技术服务员工层面的具体表现，更有针对性地识别了在工作中不受员工控制且对其绩效表现形成制约的因素。(2)扩充了情景约束形成机理的文献。一方面，本研究证实了工作要求、工作资源以及家长式领导（包括德行领导和威权领导）与测井技术服务员工情景约束之间的关系；另一方面，在不同工作要求和工作资源情境下，家长式领导可以加剧或缓解员工情景约束。研究结果体现了员工情景约束在不同条件下的可变性和复杂性。(3)拓展了员工情景约束的影响作用研究。本研究探讨了测井技术服务员工情景约束如何通过压力认知评价进而影响工作敬业度和工作绩效的路径以及边界条件。研究结论为组织成员积极应对阻碍个体实现目标的因素提供了理论基础和实证研究。

Foreword

As global demand for sustainable energy increases, oilfield engineering and technical companies face increasing challenges related to the energy transition and climate change. In addition, the difficulty of oil extraction has intensified, requiring companies to find new resources and adopt more efficient technologies. The performance of well logging workers is crucial to enhancing oil and gas exploration and development, as their output directly affects oil companies' production efficiency, quality, and organizational competitiveness. Existing research has made substantial progress using variables such as employees' abilities and motivations to explain fluctuations in performance. However, research often ignores situational factors that directly or indirectly contribute to performance differences. These factors interfere with the ability and motivation of employees to translate into effective performance.

In organizations, even employees who are both willing and capable may be hindered by situational constraints—performance-inhibiting conditions in the work environment that are beyond their control. In order to ensure the stability of energy supply, the management of oilfield engineering and technical companies focuses on strengthening the command structure and execution capabilities. Paternalistic leadership enables rapid deployment of resources and helps oil exploration and extraction cope with complex environmental and technical challenges. However, demanding work conditions and limited job resources can also hinder employees from fully utilizing their capabilities and motivation.

Based on field theory and the job demands-resources model, this study selects job demands, job resources, and paternalistic leadership as antecedents of employees' situational constraints. It explores how they independently and interactively shape employees' situational constraints. Based on appraisal theory, this study analyzes the impact of situational constraints on employees' work outcomes and verifies the moderating effect of employees' growth mindset between perceived constraints and cognitive appraisal. The present research can reveal the mediating role and boundary conditions of stress appraisal, thereby clarifying the mechanism of situational constraints on work outcomes. Focusing on well-logging personnel, the study conducts a questionnaire survey on sample workers and their supervisors and employs multiple regression, structural equation modeling, and other statistical analysis methods to test its hypotheses. Finally, based on the data analysis, the author proposes practical suggestions corresponding to the context of well logging companies.

The main findings of this study are as follows: (1) The situational constraint scale was revised to identify and measure perceived constraints of employees in well-logging. Most existing scales did not consider the effect of immediate work situations, making them less accurate in capturing the real experiences and perceptions of the target population. Following standard scale development procedures, the author conducted semi-structured interviews with well-logging workers. Themes were extracted from the interview to generate initial items. A nine-item scale was developed after the pre-test and official test of the scale. (2) The study examined the antecedents of situational constraints among well-logging workers. Common method bias test, collinearity test, and discriminant validity test were carried out by analyzing the sample data collected from 369 participants. The research hypotheses were tested by multiple regression analysis, and the stability of the research model was tested by structural equation modeling. The results showed that job demands, job resources, and paternalistic leadership were all significantly associated with employees' perceived situational constraints. Except for benevolent leadership, there is a curvilinear relationship between other antecedents and situational constraints. Job demands and job resources both independently and jointly moderated the relationship between paternalistic leadership and situational constraints. (3) This study explored the impact of workers' perceived situational constraints. By analyzing the paired data of employees and their immediate supervisors, this findings revealed that situational constraints do not directly affect work engagement or task performance.Instead, employees' cognitive appraisal of situational constraints mediates the relationship between situational constraints and their work outcomes. In addition, a growth mindset negatively moderated the mediating relationship above.

The main contributions are as follows: (1) The revised situational constraints scale incorporates realistic work situations of workers from well-logging. Grounded in the content of the semi-structured interviews, the scale truly and accurately reflects the conflicting work goals or insufficient work resources at the employee level. It also identifies factors beyond employee's control that hinder their performance. (2) The study expands the literature on antecedents of situational constraints. It not only confirms the non-linear nature of these relationships but also demonstrates how paternalistic leadership can either mitigate or intensify situational constraints. These findings highlight the variability and complexity of perceived situational constraints under different working conditions. (3) This study also extends the understanding of the consequences of situational constraints. Through workers' cognitive appraisal, the study clarifies how situational constraints affect job engagement and task performance. It also tests the boundary condition of growth mindset in this relationship. The results provide empirical evidence and a theoretical insights into how well-logging workers can cope with performance-inhibiting factors.

目 录

第1章 绪论 1
    1.1 研究背景与研究问题的提出 1
    1.2 国内外研究现状 5
    1.3 研究目的与研究意义 24
    1.4 研究内容与研究方法 27

第2章 理论基础与相关概念界定 34
    2.1 理论基础 34
    2.2 相关概念界定 41
    2.3 本章小结 46

第3章 测井技术服务员工情景约束量表编制 47
    3.1 员工情景约束量表编制的必要性 47
    3.2 员工情景约束量表的理论依据与维度构成分析 49
    3.3 测井技术服务员工情景约束量表初始项目生成 52
    3.4 测井技术服务情景约束量表的验证 58
    3.5 本章小结 65

第4章 测井技术服务员工情景约束形成机理研究 67
    4.1 研究问题 67
    4.2 测井技术服务员工情景约束的形成要素分析 69
    4.3 研究假设 72

4.4 研究变量测量和收据收集 ·· 82
4.5 问卷效信度检验 ··· 94
4.6 数据分析与假设检验 ··· 117
4.7 研究稳健性检验 ··· 145
4.8 研究结果 ··· 152
4.9 本章小结 ··· 166

第5章 测井技术服务员工情景约束对工作绩效的影响实证研究 ··· 167

5.1 研究问题 ··· 167
5.2 测井技术服务员工情景约束对工作绩效的影响效应分析 ··· 168
5.3 研究假设 ··· 172
5.4 研究变量测量和收据收集 ··· 180
5.5 问卷效信度检验 ··· 184
5.6 数据分析与假设检验 ··· 199
5.7 研究稳健性检验 ··· 211
5.8 研究结果 ··· 221
5.9 本章小结 ··· 228

第6章 研究结论与展望 ··· 229

6.1 研究结论与讨论 ··· 229
6.2 研究展望 ··· 237

参考文献 ·· 239
附　　录 ·· 267

第 1 章 绪 论

1.1 研究背景与研究问题的提出

1.1.1 研究背景

世界能源供给逐步多元化,能源市场持续震荡。能源转型加速演进,新能源进入发展机遇期,但石油和天然气在中短期内仍将维持世界主体能源地位。党的二十大报告指出,要深入推进能源革命,增强油气资源勘探开发和增储上产力度。我国油气勘探开发对象日趋复杂,井深不断增加,高温高压等工程难题越加尖锐。勘探开发面临深层超深层、低渗超低渗透、非常规、老油气田、海洋和海外、水合物以及地热等新能源新挑战不断出现,对油田工程技术和施工能力提出了更高的要求。然而,发展新质生产力,应对勘探开发的新挑战,生产力的三要素中除了技术、装备等需要不断提升以外,更离不开施工作业中最基本但又同时是最复杂的生产要素——人,也就是员工。员工的工作绩效决定着勘探开发工作的效率和质量,以及如何以人才链激活创新链、服务产业链、撬动资金链,从而塑造发展新质生产力的良好生态。研究"人"这一"关键变量"如何转化为加快形成新质生产力的"最大增量"方式,对最大程度地开发和利用油气资源起到重要作用。

石油开采产业链较长,主要包括勘探、开发、生产、储运、炼化和销售等业务,其中勘探开发是石油行业的基础,是产业链的前端,包括物探、钻井、固井和测井等环节。员工都通常需要在野外、海上或沙漠等复杂的环境条件下工作,长时间驻扎在油田现场,暴露在高温、高压、有害气体和化学物质等潜在危险中。其中,测井被誉为"地质家的眼睛",技术水平要求较高,施工难度也大,还面临着涉及放射性源、射孔弹、井控等高风险作业。因此,这种高风险的工作环境对测井技术服务员工的工作效率和工作产出都会产生较大影响。同时,他们实行轮班、夜班等不定时工作制,生活节奏以及休息和社交生活都会受到很大影响,而工作后不充分的恢复体验还可能损害员工的工作状态[1]。因此,工作中存在许多因素能够干扰测井技术服务员工充分发挥自己的能力和动机。

从员工绩效的衡量来看,Rotundo 将绩效行为定义为,受个体控制并对组织具有贡献的行动或行为[2]。该定义表明,工作绩效不直接衡量员工个人的能力和努力,而是员工的付出与外部环境和组织因素相互作用后的绩效结果。因此,该定义意味着员工的绩效行为可能受到不由自身控制的因素影响,企业需要充分考虑组织环境和工作情景中那些不可控、同时能约束员工绩效表现的因素,以提供工作绩效评价准确度与公正性的依据。情景约束虽然不受员工控制,但可以直接影响工作绩效,也可以通过妨碍员工能力的发挥和动机的转化,进而损害其绩效[3]。进一步认识测井技术服务员工的情景约束,有助于决策者和管理者更全面地理解绩效差异和波动,这是油田工程技术服务企业实现其发展目标的重要环节。

1.1.2　研究问题的提出

事实上,情景约束(situational constraints)早在 1980 年就由美国德州大学的 Peters Laurence 以及 Edward O'Connor 在其文章

"Situational constraints and work outcomes: The influences of a frequently overlooked construct"中提出。情景约束指的是那些抑制、干扰或无法支持个体完成工作任务的工作条件。这些约束可以引发消极情绪和压力[3]、职业健康问题[4]、反生产行为[5]，并损害工作投入[6]。由此，情景约束通过限制员工的最佳绩效水平，对员工的工作表现产生影响。

早期的情景约束研究主要在实验室控制条件下进行，研究采集的样本大多为大学在校生[7]。除此之外，大部分研究的样本来源于组织的白领员工。例如，Spector和Jex在1998年以3868名白领和蓝领员工为样本开发了员工情景约束量表[4]；Kim等人则以787名美国和韩国的白领全职员工作为样本，研究情景约束对员工工作压力的影响[8]。情景约束文献的另一个主要研究样本来源为学校教职工。例如，Liu进行了情景约束在中国和美国高校教职工中的跨文化比较研究[9,10]，而周洁等人则以中学教师为研究对象，探讨情景约束对工作偏差行为的影响[11]。现有研究同时指出，当研究对象的工作情景与组织中的白领员工之间存在差异时，研究人员有必要重新审视并梳理情景约束的测量工具。例如，Peters等人在研究针对美国空军军人的情景约束时，收集了军人们对负向影响个人绩效的环境因素的看法，并基于此开发了适用的情景约束量表[12]。

情景约束在我国的研究甚少，特别是在聚焦于油田工程技术服务企业和测井技术服务相关研究方面更是如此。测井技术服务员工在油气勘探开发行业中履行着重要的技术支持角色，但管理者和学者对干扰他们能力和动机充分转化的因素和过程却了解不足。针对测井技术服务员工的情景约束研究，将有助于全面认识油田工程技术服务行业在组织、管理、激励、奖励方式及其物理环境、工具和设备等方面存在的漏洞和不足，以便于管理者能够优化工作情景设计和工作资源，最大化发挥员工优势。基于此，本书提出的第一个研究问题围绕测井技术服务员工情景约束的内涵，即在企业中，干扰员工发挥最佳绩效水平的情景约束是什么？研究发现将从测井技术服务企业独有的设施设备安全性、工作流程合理性和管理体系完善性等方面，揭示工作情景中限制员工绩效的因素，为员工的个人能力和动机转化提供一个良好的氛围和环境。

此外，目前国内外情景约束的研究尚未揭示员工情景约束的形成路径。缺乏员工情景约束形成过程的知识，导致管理者难以制订有效的预防和提升绩效的措施，使管理行为变得盲目并且低效。测井技术服务行业常涉及高风险作业，研究干扰员工取得最佳绩效的源头，有助于从根本上解决安全隐患，从而减少工作场所事故的风险。Pindek 和 Spector 在 2016 年的情景约束的元分析中指出，除了少量研究证实了员工的个性特征对情景约束存在显著影响作用以外，尚未深入挖掘出情景约束的其他前因[13]。因此，第二个研究问题围绕测井技术服务员工情景约束的形成机理，即哪些因素会导致员工相信自己的能力和动机受到限制？这些因素的作用机制是什么，是否还有其他因素可以加强、削弱或消除情景约束？本书还将探索这些因素之间相互作用对情景约束的影响，从而对情景约束的形成进行更准确、全面的理解。

最后，尽管已有文献已经证实了情景约束与绩效结果变量之间的关系，但整体而言，情景约束与工作绩效之间的相关性仅为微弱[4]，甚至 Sonenshein 的研究表明情景约束反而有助于培养员工创造力[14]。然而，根据定义，情景约束应能降低给定工作环境中员工潜在绩效的上限，因而情景约束理应对组织成员，尤其是具有高能力和高动机的员工，产生显著的负面影响。然而，现有研究结果与情景约束的定义之间存在相当大的差距。由此，第三个研究问题为：

情景约束到底是否会显著抑制测井技术服务员工的工作绩效？还有哪些因素可能影响情景约束与员工工作绩效之间的关系？本书将探讨在测井技术服务高风险和高压力等特殊工作条件下，员工情景约束如何影响工作绩效。研究结果将有效证明情景约束研究的重要性和必要性，同时也能帮助学者深入理解情景约束与员工工作绩效之间的关系。

1.2 国内外研究现状

1.2.1 国外研究现状

（1）情景约束

自情景约束的构念提出以来，国外学者对其进行了一系列研究。鉴于本书旨在探究测井技术服务员工情景约束的形成要素及其对工作绩效的影响，现对情景约束相关文献中的影响因素和作用效果进行梳理和总结。

1）影响因素。

国外文献中情景约束的影响因素主要体现在以下四个方面：人口统计学变量、人格特质、员工的态度或倾向及领导风格。

年龄、任期和职级均与情景约束存在相关性，具体而言，工作经验、技能水平和职业韧性等个人资源可以直接影响员工的约束感知[16]。一般来说，工作技能更成熟的员工情景约束水平相对较低[13]。

Villanova 和 Roman 认为，A 型性格的个体对时间约束更敏感，因而表现出更高水平的情景约束[16]。另外，心理控制点和与情绪相关的特征（例如消极情感、愤怒和抑郁性格特征）也与情景约束相关，外控者和表现出高情绪特征的个体感知到的情景约束更强[17,18]。

在大五人格特质中，尽责性和随和性与情景约束有微弱的负相关关系[13]。

自我效能与员工情景约束呈负相关。这意味着员工对自身能力和行为结果的积极评估可以降低他们的约束感知[13]。另外，员工的核心自我评价[19]和职业韧性[15]也都能够影响情景约束水平。当员工对自己的价值、对自己的应对能力和对事件的控制程度充满信心时，往往可以抑制约束感知的形成。

目前的研究证明，威权型领导通过阐明目标并支持员工朝着一个共同的方向努力，能够降低情景约束，而教练型领导则帮助员工了解自身的优势和劣势，提升员工的责任感、目标清晰度、敬业度和工作能力，这两种领导风格均对员工情景约束产生负向影响[20]。

2）作用效果。

从作用效果进行分析，情景约束可以直接影响不同维度的工作行为，或者通过影响员工的生理状况、个体情绪和个体认知，进而阻碍员工的能力发挥和动机转化。

员工情景约束可以导致反生产行为[21]、偏差行为[11]、攻击行为[22]、任务冲突[23]、消极人际互动[24]、离职率增加[25]以及组织公民行为减少[26]。此外，员工情景约束也可以直接负向影响工作绩效[27]。

根据挑战性－阻碍性压力源模型，环境压力的挑战性和威胁性可以同时存在[28]。Pindek 和 Spector 发现员工认为情景约束中有些约束性条件是挑战，而其他条件则是阻碍。员工对自身克服情景约束能力的信念，能够积极影响工作绩效[29]。在其他研究中，员工情景约束的促进性效应同样被证实。例如，有限的资源可以激发员工的创造力[30]，而时间约束则可以引导员工的主动行为[31]。

情景约束还被证明对员工的生理状况产生影响。作为一种阻碍性压力源（hinderance stressors），员工情景约束可以妨碍员工从事的工作表现,迫使员工增加工作时长,进而引发职业健康问题[4]。研究显示,长期体验约束感知会导致疲劳和肠胃问题[32]。

个体的情绪也会因情景约束而产生变化。当员工情景约束导致资源损失并阻碍个人实现任务目标时,员工常常会感到沮丧和压力[8]。员工情景约束可以引发情绪衰竭[5]、工作反刍[33],并加剧员工的消极情绪[34,35]、工作焦虑[17]以及职业倦怠[19]。

情景约束所带来的挫折感可能使得个体产生退缩倾向,因此这种约束感知会降低员工的工作敬业度[36]、幸福感[25]、工作动机与工作量[6]、角色宽度自我效能[37]和领导效能认知[26]。此外,员工之间的约束感知不一致,特别是当员工的情景约束水平高于其同事时,会进一步导致其工作敬业度的降低[38]。

情景约束可以作为对其他变量关系之间的调节变量。Sonnentag 等研究了111名来自服务、生产、行政、银行、保险等行业的员工在325个工作日中的早晚恢复体验和工作敬业情况,研究发现员工情景约束减弱了个体的早晨恢复体验水平与白天工作敬业度之间的关系,以及白天工作敬业度与晚上恢复水平之间的关联,这说明员工情景约束对能力发挥和工作态度具有限制作用[1]。Kuyumcu 和 Dahling 通过对121名来自不同领域的员工进行问卷调查,发现高马基雅维利主义员工在高水平约束感知下更具野心家取向,从而获得更高的绩效评价[39]。Meurs 等以美国515名不同职业的员工为样本,通过调查问卷探讨自恋型人格在员工情景约束与反生产行为之间的作用,结果显示,自恋型人格的员工在约束感知下更容易展现出反生产行为[40]。Zhou 等以美国南方一所大学中的932名员工为样本,分析了性格特质与反生产行为之间的关系,发现个体的宜人性、责任性和情绪稳定性可以削弱情景约束对反生产行为的正向影响[21]。Castille 等发现,员工情景约束加剧了高马基雅维利主义倾向与偏差行为以及不良竞争行为之间的正向关系[24]。

另外,员工情景约束和其他变量之间的关系也可以被调节。Jex 等发现,员工的组织承诺度正向调节员工情景约束与利他行为之间的关系[41]。Penney 和 Spector 发现,个体的消极情感可以增强员工情景约束对反生产行为的影响[42]。Clark 和 Walsh 发现,团队文明氛围可以削弱员工情景约束对反生产行为的影响[43]。Britt 等通过调查问卷研究 238 名高校教职工,研究了情景约束与组织公民行为间的关系,发现员工情景约束和领导效能之间的负相关仅在工作敬业度较高的员工中显著[26]。Boermans 等通过问卷调查收集了 971 名空军军人在调动前后的工作要求和生理状况等信息,提出团队工作敬业能够缓和员工情景约束对疲劳症状的影响[44]。Harp 等在研究 235 名非营利组织的志愿者时发现,社区服务自我效能减弱了志愿者情景约束与工作敬业度之间的负相关关系[36]。

学者们也探索了在不同国家中员工情景约束的作用效果,但调节变量还未具体到国家独特的文化价值观。Liu 等通过对比 376 名美国和 332 名中国高校教职工发现,人际关系约束和工作环境约束在美国比在中国更显著[10]。Kim 等通过调查问卷对比了 390 名美国和 497 名韩国白领员工的情景约束和工作加班情况,证实了美国样本中的高工作控制可以缓解员工情景约束对加班行为的影响[8]。结合以上对于现有文献的分析,图 1-1 对员工情景约束的影响因素和作用机制研究思路进行了汇总。

(2) 工作绩效

国外学者对工作绩效前因的研究已经较为成熟,从人口统计学变量和员工性格特质逐渐发展到工作态度及环境因素对工作绩效的影响研究。从人口统计学变量来看,学历、年龄和种族使得个体间的工作能力及绩效表现存在差异[45]。年龄可能导致员工的经验和知识水平有所不同，年龄较大的员工通常具备更丰富的经验和技能，从而能够取得更高的工作绩效。类似地，教育水平通常与学习能力和知识储备相关，因此受教育程度较高的员工可能更容易掌握新任务、解决问题并实现较好的工作绩效。

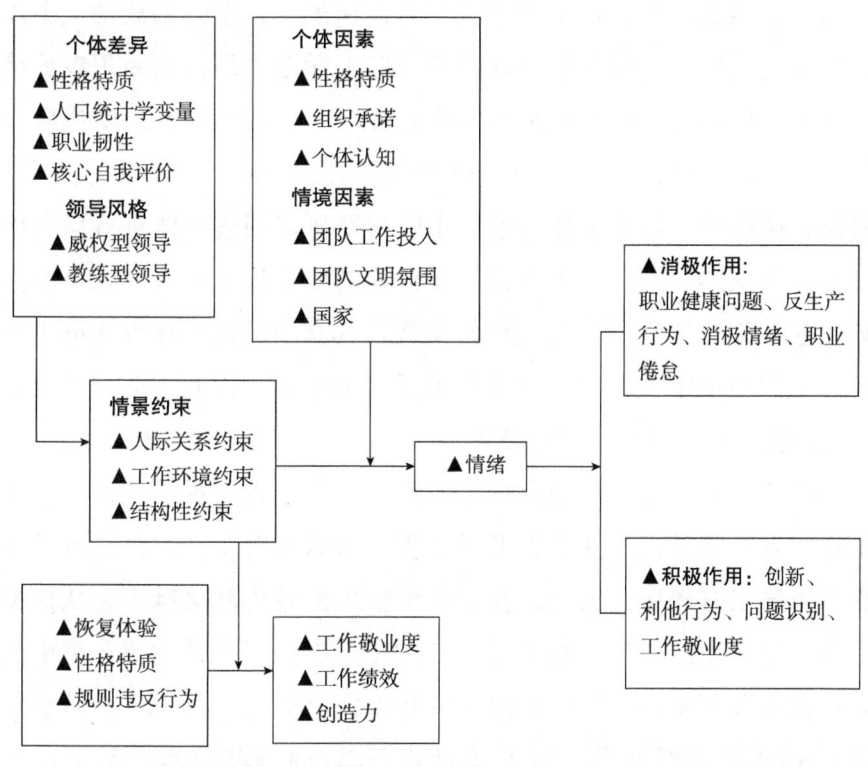

图1-1　情景约束的影响因素和作用机制

大量研究验证了员工性格特质与工作绩效之间的关系。例如，尽责性在不同职业群体中始终对工作绩效产生正向影响[46]；较为稳定的性格特征，如主动性人格或核心自我评价，也可以预测工作敬业度和工作绩效[47]。这种积极主动的人格特质使得个人更能发现机会并采取行动，具备此类特质的员工在工作中坚持不懈，更有可能争取到有意义的变化。学者们将人格中更具可塑性的认知情感，例如个人的心理资本，纳入了个体可依赖的核心资源之中。以成功为导向的员工会将工作活动视为培养和扩展资源的机会，从而极大提升工作绩效[48]。

研究表明，工作绩效在很大程度上取决于员工看待自己工作的方式[49]，因此，员工的情绪和认知可以引发工作绩效的波动。个体在学习过程中感受到乐趣可以带来更好的学业成绩，因为积极情绪在任务进行期间能够维持个体的认知资源[50]，而消极情绪则通常与较差的学习成绩相关，因为这种消极情绪会分散个体的注意力[50]。同样，情绪也会影响工作绩效，积极情绪可以促进个体进行信息检索并保留认知资源，而消极情绪则会抑制信息检索并将注意力引向与任务无关的想法[51]。研究已经发现，具有积极核心评价的员工会在其工作环境中主动寻找含有积极反馈的信息，因此，个体的核心自我评价会积极影响其工作绩效[52]。

员工的工作态度亦是影响工作绩效的一个重要影响因素。由于工作绩效通常是员工为了晋升或获得上级认可对所在组织进行的投资，当员工有离职意向时，在工作中投入的精力就会减少，从而损害员工的工作绩效[53]。此外，员工的正念有助于个体适应环境中的大量信息和刺激源，增强情绪调节能力，促进任务绩效[54]。情感承诺[55]和工作满意度[56]等工作态度均可以正向影响工作绩效。值得注意的是，组织承诺与工作绩效之间的关系在现有研究中并不稳定。有研究发现组织承诺与工作绩效之间的关系并不显著[57]，这说明，除了组织承诺外，可能还有其他更重要的因素影响任务绩效。

伴随着学者们对动态组织环境中工作角色的转变有着更广泛理解，工作绩效影响因素的研究逐渐转向组织情境因素。从工作设计的角度来看，共有四种类型的工作特征：任务特征、知识特征、社会特征和工作环境特征。任务特征又包括自主性、任务多样性、任务重要性、任务同一性和工作反馈,合起来构成了 Hackman 和 Oldman 的工作特征模型[58]。知识特征包括工作复杂性、信息处理、问题解决和技能多样性等。社会特征包括社会支持、组织成员之间的相互依赖、组织外部的互动以及他人的反馈。工作环境特征包括工作对员工提出的身体要求、配备的物理工作条件和设备等[59]。目前社会特征对员工的工作产出的影响研究较多,例如,Ohemeng 等的研究发现,变革型领导和交易型领导风格均有助于提升员工绩效,因为他们善于调整策略以实现组织目标[60]。拥有高水平影响力、能够鼓舞人心的领导者可以为员工的工作提供意义,领导者授权于员工可以增加员工的努力程度、努力强度和毅力,继而激发高工作绩效[59]。

（3）工作敬业度

由于敬业的员工往往对待工作充满活力,并能够全神贯注地投入工作[61]。目前国外文献大多引入工作要求–资源模型来论述工作资源对员工激励过程的影响[62]。例如,Hakanen 等人进行的一项研究调查了工作要求和工作资源对芬兰牙医样本工作敬业度的影响,结果证实工作资源与工作敬业度之间的相关性比工作要求与工作敬业度之间的相关性更强[63]。因此,相较于工作要求,工作资源的波动更能引起工作敬业度的变化。

在此基础上,部分学者对现有文献提出批评,认为将所有工作资源归为一类可能掩盖了不同种类工作资源对工作敬业度的潜在差异,这种笼统的研究方法为明确识别资源类型增添了困难[64]。因此,工作资源被逐步细化并划分为多个层面的资源,即团队资源、领导资源和组织资源。团队资源指的是工作内部的人际关系、信息交流和相互尊重的互动,例如来自同事的社会支持以及员工之间良好的人际关系。团队中的有效沟通反映了团队成员人际互动的亲密性和包容性，这些要素有助于在员工之间建立信任与参与度。团队成员相互尊重可以鼓励彼此实现组织目标，从而显著提升工作敬业度[65]。一个充满信任、凝聚力和创新性的团队氛围也可以提升员工对工作的投入程度[66]。

领导层面的资源强调领导特征以及员工与领导之间的社交互动，例如来自上级的社会支持、反馈以及领导者与团队成员之间交流的质量。研究验证了领导风格对工作敬业度的影响作用。社会交换理论提出，个体的社会活动主要取决于该活动能带来的奖励或报酬[67]。Malik 和 Khan 的一项研究发现，真实型领导风格与工作敬业度正相关[68]。类似地，自我概念理论指出，上级激励员工的能力取决于能将员工的自我概念与工作所阐明的使命相融合的程度。当领导者将工作与更宏观的道德目标联系起来，并阐明其如何有助于实现组织目标时，员工更有可能认为他们的工作具有意义。因此，德行领导也能够正向影响工作敬业度[69]。最后，组织层面的资源反映了员工设计和管理自己工作的方式，诸如技能自由裁量权、角色明确性和发展机会。资源保存理论提出，个体始终试图获取资源并将资源再次利用以获得额外资源。基于该理论，工作资源对于经历高工作负荷的员工尤其有益。工作重塑作为一种重要的组织资源，旨在协助员工改变工作方式，使其更好地利用个人优势。这种行为意味着员工主动将工作任务与自身的优势、兴趣和发展愿望结合起来，从而创造一个既具挑战性又符合自身需求的工作环境，培养在工作中所需的热情和专注[70]。总之，团队、领导和组织层面的资源有助于员工实现工作目标，刺激他们成长和发展。

除了工作资源，工作敬业度还受到个人资源或积极自我评价的影响[71]。个人资源指个体对自己成功控制和影响环境能力的感知，尤其是在环境充满挑战的情况下[72]。Bakker 及其团队提出两种个人资源可以影响工作敬业度,分别为自我效能和乐观。心态积极的员工往往表现更好,工作满意度更高[62]。与之类似,情绪智力会带来工作满意度和员工幸福感,最终会正向影响工作敬业度[73]。拥有积极自我看法的员工更有可能在工作挑战中保持活力,而能够维持积极情绪的员工则更容易参与职场活动[68]。

(4)油田工程技术服务员工工作态度和工作产出

许多国外的事故报告和研究文献主要围绕油田工程技术服务行业的人力资源管理策略与员工工作态度及工作绩效之间的关系。例如,在调查也门油气田勘探开发产业中员工工作绩效时,学者们强调企业提供的专业培训对于提高工作绩效的重要性。配备详细培训计划的组织更有把握留下核心员工,进而拥有稳定的员工队伍[74]。加强组织的安全文化已成为所有高风险行业关注的焦点,因而,油田工程技术服务行业必须加强安全管理并且建立安全文化,如此才能更好地规避风险,保护员工、环境和社会[75]。专家们在对巴西国家石油公司石油钻井平台爆炸事件的调查中发现,员工培训不到位、过时且不可用的工作流程以及缺乏工作指导说明是造成事故的几个根本原因[76]。当油田工程技术服务员工认为组织将安全置于生产之上时,他们按照要求安全作业的意愿和执行力往往会下降[77]。针对组织在这些方面的不足,学者们指出,油田工程技术服务员工的角色、经验和所处情境可以影响他们在工作决策中如何使用知识和信息,且直接关系着他们在处理异常事件时的应对措施[78]。

对于油田工程技术服务这一高危行业的员工而言,产生不安全行为的一个重要原因与个人资源有关,例如风险认知、风险态度、风险承受能力和自我效能等[79]。文献还指出,员工对上级的信任程度也会影响他们在危险工作场所的工作态度和工作绩效。当员工信任上级会对安全行为给予奖励,并鼓励员工提供安全建议时,他们的安全动机和安全意识会显著增强,有助于减少工作场所事故的发生[77]。此外,专业知识和经验不仅为技术型员工提供优质的专业技能,还使他们更加清晰地认识到安全风险可能带来的损失及自身能力的局限性。因此,经验丰富且知识渊博的员工在面对安全风险时更显理性。他们往往对工作质量保障持积极态度,并在工作中展现出对安全操作和流程更大的热情[80]。

1.2.2 国内研究现状

(1)情景约束

国内学者尚未对情景约束的影响因素进行深入研究,目前已有的研究均围绕情景约束的作用效果,而且学者们对情景约束内涵的界定也存在一定差异。周洁等人将情景约束定义为阻碍员工完成工作的具体情境或事件。在以中学教师为研究样本的研究中,他们指出教师在工作中可能会面临专业培训不足、信息不畅等约束性事件。研究发现,情景约束能够正向影响教师的工作偏差行为及其子维度,包括办公懈怠、教学违规和学生排斥[11]。这一结论与西方大多数文献中的研究结果一致,教师在工作中对阻碍其发挥最佳绩效因素的感知,表明他们面临资源不足、工作环境恶劣或工作氛围不佳的困境,这种约束感知会导致他们工作懈怠、工作意愿降低。

除此之外,国内对情景约束的相关研究均在探索其潜在的积极效应。商祥巧在研究中将情景约束定义为可以影响员工在特定情境下工作表现的因素,因此在该研究中情景约束同样指具体事件和情境。他认为情景约束包含组织内部和外部的因素,如内部组织结构、利益相关方、社会环境和组织氛围等。相比之下,Peters 和 O'Connor 最初对情景约束的定义强调其来源必须和具体工作情景直接相关,因此商祥巧对情景约束内涵的界定不同于以往的国外文献。根据投入－产出模型，商祥巧将情景约束分为三类：投入约束、过程约束和结果约束。投入约束指员工无法获得但本可用于创新活动的资源限制，例如时间、人力资本、资金、多余现金和材料。过程约束则是对员工创造力和创新过程施加的制度规则，换句话说，即使以创新为工作目的，员工在工作中也必须要遵循一定的工作流程。结果约束体现了对员工工作结果的要求和制约，员工的工作成果需要实现一定的价值并达到规定标准。该研究发现，由于工作任务难度提升而产生的投入约束可以激发员工的促进型调节焦点，进而提升员工创造力。结果约束则可提供明确的行为规则，满足员工对角色清晰的需求，也对员工创造力产生积极影响[81]。

与之类似，以应激交互理论为基础，曹晓岚在对情景约束进行理论分析时提出，情景约束通过情绪来影响员工。应激交互理论强调，个体与环境之间的相互作用会导致个体产生反应，他们的应对方式取决于对事件的主观认知和解释，而非事件本身[82]。由此可见，情景约束自身并不是一个消极因素，它引起的负面作用与员工对事件的认知直接相关。个体对事件的主观认知在其应对方式中起着至关重要的作用，曹晓岚的研究也证明了情景约束与员工的创新行为之间存在促进与抑制的二元效应[83]。换言之，员工遭遇情景约束时，积极情绪可以激发创新，而消极情绪则可能对创新行为产生负面影响。该研究指出，员工对约束性工作情景的看法会决定其情感和行为反应，强调了个体与环境之间复杂的相互作用，但未能通过实证研究支持上述理论。

张婕等人也得出了类似的研究结论，他们将情景约束聚焦于时间压力，认为紧迫的时间可能会促使员工更加高效地完成任务，即时间稀缺能够激发员工专注和有条不紊的工作态度。在有限的时间内高质量完成任务还可以给员工带来成就感，激励他们在时间压力下保持出色的工作表现。时间压力可能帮助员工建立目标导向，激励他们达成目标。然而，紧迫的工作时间可能会导致员工过度焦虑，损害他们的工作表现和健康状况。过度的时间压力可能导致员工急于完成任务，进而忽略工作的质量，从而对工作结果产生负面影响。总之，张婕等人通过数据分析发现，时间压力可以通过积极和消极情绪来提升或抑制员工的创新绩效[84]。

（2）工作绩效

国内关于工作绩效的文献过去主要观察员工所完成的为组织创造价值或者与组织绩效期望有关的行为，因此早期研究验证了员工性格特质与工作绩效之间的关系。例如，员工的大二人格特征，即稳定性因素和弹性因素，对工作绩效有显著正向影响[85]。员工的性格特质还可以通过员工的胜任力继而影响其工作绩效[86]。

然而，现代工作环境对员工的健康构成了极大挑战，干扰他们的工作产出。一些员工常常在患有头痛、高血压和其他身体疾病的情况下工作；此外，许多员工还经历着焦虑和心理紧张等心理健康问题，这些问题均可能影响员工的工作绩效。学者们发现身体上的健康问题可以分为两类：躯体不适（如身体劳损）和高血压、肥胖等非疼痛性不适。躯体不适可能会使工作记忆和信息处理能力从工作任务转移到疼痛或其他分散注意力的活动上，从而降低员工的最佳表现。整体来讲，这些健康问题干扰了员工的认知资源和执行能力，减弱了个人幸福感在工作绩效中的重要性，从而影响工作动机[87]。恢复体验可以帮助员工平衡工作与生活，提升整体幸福感和生活质量，有助于员工更好地应对工作挑战[1]。因此，保障充足的休闲时间对提升个体身体素质、提高工作绩效有重要作用。

心理状况不佳可能导致员工在认知方面的缺陷。例如，患有抑郁的个体更容易受到不相关负面信息的干扰，从而影响工作记忆，而负面情感状态与不良心理健康可能导致记忆偏向负面事件[88]。当员工感到疲倦、虚弱、缺乏活力时，往往会产生认知困难，减少他们投入工作的资源和精力，损害工作产出。心理健康还可能影响员工执行任务的动机。郑烨等人就女性科技工作者研究时发现，员工的职业倦怠可以直接降低工作绩效，还可以通过影响员工的认知和情感，即工作满意度与工作投入，继而影响工作产出[89]。情感状态可以影响自我效能判断，因此积极的情绪会带来更高的自我效能信念。与之相反，李乃文等人在研究员工身心疲劳的作用效果时发现，员工的疲劳感与情绪耗竭会引发负性情绪和心智游移，严重损害工作绩效[90]。

近年来，工作绩效的含义发生了很大变化。随着工作环境的全球化以及竞争日趋激烈，国内研究开始聚焦于工作绩效如何受到动态环境因素的影响[91]。例如，工作环境中上级支持的有无可以影响工作绩效[92]；支持性的组织氛围则能够为员工在遭遇挫折时提供快速恢复的资源。当员工不必担心因犯错而受到惩罚时，他们能够更加专注于任务，有条不紊地应对挑战，从而显著提升工作绩效[93]。在此基础之上，国内学者们还立足于中国组织情境，提出高效的人力资源管理实践能表达对员工的重视和尊重，提供良好的工作环境、职业发展机会和公平的待遇。员工因此会更加投入工作、对组织产生忠诚度。邹卫兵和徐宏毅的研究是一个典型的案例，他们发现组织的管理实践氛围可以通过延迟退休意愿继而影响工作绩效[94]。此外，我国经济发展的时代背景也会对组织内部的工作绩效产生影响，例如企业的数字化转型会赋予员工新的工作压力，从而改变工作绩效[95]。与此同时，新就业和自主就业背景下，员工的身份构建和身份评价也会影响工作绩效[96]。

（3）工作敬业度

与国外研究类似，国内学者也就工作资源对工作敬业度的作用效果进行了大量研究。当员工与领导者之间能够建立高质量的关系时，他们更有可能在工作中展现出高水平的工作敬业度[97]。另外，当上级能够为员工提供职业发展机会、明确的工作描述和目标时，有助于员工提升其工作敬业度[98]。个人-组织匹配指的是个体的价值观与组织的文化理念相契合。当员工与组织的价值观、目标及工作文化契合时，他们更倾向于自觉地遵守组织规定、承担额外工作。这种文化认同感会促使员工分享知识、帮助同事、积极参与团队活动等。而个人与组织的不匹配说明了员工对工作的不适应和不满意，损害了其工作态度。陈佩等人基于社会交换理论的研究验证了个人-组织匹配有利于营造良好的工作氛围，并正向影响组织公民行为和工作敬业度[99]。

鉴于工作资源对激发工作敬业度的重要作用，国内研究亦对工作资源进行了细致的分类。除了社会资源以外，领导风格也是一种重要的工作资源，能够显著影响员工的工作态度。马苓等人通过研究企业高层管理者发现，具有明确价值观的真实型领导擅长营造和谐的工作氛围，激发员工对上级的敬畏与奉献。真实型领导者尊重员工的个人和职场需求，建立双向沟通，促使员工全身心投入工作[100]。此外，包容型领导风格注重倾听，赋予员工更多的自主权和自信。通过培养正向情绪，包容型领导更有助于激发员工的成就动机和自我效能感。周宇等人的研究证实，包容型领导能够通过提升员工乐观的态度和积极的心态，增强工作敬业度[101]。

人力资源管理实践等组织制度也对工作敬业度有显著影响[102]。具体而言，组织层面的政策制度与员工的薪酬待遇直接挂钩，反映出员工是否能够获得发展机会和组织的关心。当员工在组织制度中受到尊重时,他们会产生认同感和满足感,激发他们回报组织的欲望,从而提升工作敬业度。与之相反,工作资源的匮乏,以及过于繁重的工作要求,会引发工作倦怠,进而损害工作态度。数据显示,员工在压力源下的消极心理状态与工作敬业度呈显著负相关[103]。

除了工作资源以外,许多研究也验证了个人资源的重要性。个人资源通常指个体内在能力、特质和心理状态,这些因素直接影响个体对工作的态度和行为反应。例如,员工促进型调节定向对工作敬业度有显著提升作用[104];员工对自身工作价值和意义的认识,即职业召唤,也被证明有助于形成积极的工作态度[105]。这表明,个人资源可以赋予员工成功应对环境挑战的控制力。

(4)油田工程技术服务员工工作态度和工作产出

我国现有文献主要以油田工程技术服务员工为研究样本,例如钻井、采油和储运作业人员,但尚未针对测井技术服务员工群体进行研究。学者们主要从他们独特的工作环境、个人资源、工作要求、工作资源等方面探讨其对工作态度和工作产出的影响作用。

在衡量员工的物理工作环境时,个人空间是一个非常重要的指标。Hayduk将个人空间定义为员工在工作环境中为自己周围保留、他人不能侵入的区域[106]。个人空间对员工的工作效率和私密性具有重要意义。从事技术服务工作的员工往往在更恶劣的自然环境中工作,他们所经历的噪声、个人空间或空间密度等环境特征与一般企业有所不同。油田工程技术服务企业的野外业务较多,许多油田位于偏远荒凉的戈壁沙漠地带[107-109]。许多油田作业区都具有独特的地理环境,如昼夜温差大、太阳辐射强、紫外线照射时间长。新疆油田的自然环境干旱炎热、气候极端[110],使工人暴露在高温环境中。同时,海上石油钻井平台的生产条件也十分艰苦[111]，海风、海浪和潮湿环境不仅给员工的身体健康构成威胁，也要求他们具备应对突发状况的灵活性和应急能力。此外，工作环境中存在诸多职业有害因素，如高强度的噪声、粉尘、光线和刺激性气体[112]。井下作业期间，井喷井涌、气体泄漏等情景也随时可能发生[113]。以上条件均体现了油田工程技术服务员工所面临的艰苦工作环境。

员工的工龄和职业经验的重要性在油田工程技术服务领域的相关研究中同样重要，高工龄员工相比于低工龄员工，通常具备更强的自我保护意识和更强的工作适应能力[108]。低工龄员工通常表现出较低的职业紧张程度[114]，因为他们的职业生涯才刚刚起步，正在从基础的工作任务中逐步学习相关技能，这一适应期帮助他们减轻了工作中面临的不确定性。另外，员工的工作、家庭与社交状态相互影响，研究发现离异员工的工作满意度低于其他未婚或已婚的员工[114]。油田工程技术服务员工工作地点偏远，社交机会有限，可以导致人际交往匮乏[115]，心理需求长期无法得到满足等情况[109]。由此，个人资源水平可以决定员工对约束性工作情景的接受度和敏感性。

工作量和难度可以对员工发挥自身最佳绩效水平形成约束[116]。职业任务的强度提升[117]和倒班工作制[118]等工作要求可以给员工带来困扰和负担。不同岗位和工种的员工有独特的工作内容，因此他们的约束感知来源各异。比如，对于炼化岗位的员工而言，团队成员间的合作是主要的压力源；而在采油岗位上，主要约束来自时间的限制；输油岗位的职业紧张则体现在任务界限上[119]。

工具和设备保障是油田工程技术服务工作情景中的一个重要资源。无法满足实际需要的工艺与流程[120]，以及运行质量不达标的设备[121]，都会严重影响工作效率和安全性。例如，井眼轨迹复杂，测井技术服务人员常常需要在测井工艺不足和测井仪制造成本高等限制条件下完成测井作业[122]。有限的设备和技术条件导致员工在工作中无法使用最新的技术或最佳的工具，限制了他们在工作中发挥最佳水平，对工作绩效形成制约。

1.2.3 研究评述

综上所述，国内外关于工作绩效和工作敬业度的差异分析已经不仅仅局限于员工的个人特质，而是能够探讨不同组织情境对员工工作态度和工作产出的影响。国外针对情景约束的研究已经取得一定成果，但国内学者在这一领域的研究仍处于起步阶段。整体而言，现有研究还在以下几个方面仍待进一步探索。

（1）情景约束的前因研究成果匮乏

已有文献提出了影响员工情景约束的个体差异，然而过于强调个体特征变量对员工情景约束的影响容易使企业将用人标准建立在性格和道德选拔之上，忽视了员工的潜能和组织自身的缺陷。特定的性格特质可能导致员工对于环境中的刺激源尤为敏感，或者更容易与他人发生冲突，进而营造了不良的工作环境。这种研究使得个人特质与员工情景约束之间的关系往往基于主观的观察和判断。实际上，员工的行为受到多种因素的影响，包括组织文化、工作环境和领导风格等。如果将员工情景约束的影响因素的研究焦点仅仅放在个人特质上，就可能忽视那些外部的、超出员工控制范围的因素对员工的重要影响。

在针对油田工程技术服务员工为研究群体的文献中，关于干扰他们工作绩效和工作态度的认知目前还较为肤浅。一方面，大多数研究仅揭示了员工在艰苦的工作环境、偏僻的工作地点或昼夜颠倒的工作时间等条件下其生理和心理状况，采用的研究方法多为方差分析。例如，刘继文等的研究发现，高、中和低紧张强度组的员工心理健康情况存在显著差异[123]；或不同轮班员工的睡眠障碍发生率也显示出显著差异[110]。尽管这些研究证明了不同工作情景下员工的工作表现和心理、生理健康状况存在显著差异，但未能在双方间建立因果关系，也未能证明特定的工作情景导致了工作绩效受损。另一方面，针对油田工程技术服务员工而开展的工作绩效影响因素研究成果较为分散，没有体现出该特定职业群体的工作特点以及可能存在的职业风险。已有研究未聚焦于测井技术服务行业，因此缺乏一个衡量该行业员工最佳绩效受限程度的概念。以上问题需要通过探索测井技术服务员工情景约束形成机理来解答，以揭示员工情景约束的形成要素以及要素之间的内在关联。

（2）基于我国文化情境和行业背景的情景约束测度指标研究匮乏

现有研究对员工情景约束在我国组织情境中的检验不足。自情景约束概念提出以来，大部分的研究样本均来自西方国家，情景约束在我国组织中的应用仍需进一步探索。张婕等人在研究中仅选用了时间压力作为情景约束的代表[84]，缺乏一个完整的基于中国文化的情景约束分析，难以全面捕捉中国组织环境的特点和员工的工作经历。同时，现有研究的情景约束量表没有体现出不同职业中的约束感知，量表的适用范围仍存在一定的局限性。

（3）员工情景约束与工作绩效的关系在实证研究与理论分析中存在差异

现有研究未能解释员工情景约束与工作绩效之间仅存在弱到中等的负相关关系。针对这一研究结果，Kane提出了四个可能导致两者关系薄弱的潜在原因：第一，工作标准过于宽松，导致约束无法显现；第二，尽管组织表面上有很高的正式绩效衡量标准，但仍能容忍不良绩效的存在；第三，组织文化使管理者在评估绩效时根据情景约束调整评价标准和结果；第四，组织资源丰富或情景约束程度低[124]。Pindek 和 Spector 修订了员工情景约束量表，将该量表分成阻碍性压力（威胁、消极因素或"不良压力"）与挑战性压力（激励因素或"良性压力"）两个维度[29]。然而，预先将员工情景约束的压力源定义为挑战性或威胁性压力源存在一定弊端，因为这种定义可能过于片面，无法完全涵盖压力源的复杂性和多样性。对压力源的认知评价是一个高度主观的概念，并因人而异。个体的知觉、能力和经验等因素会影响其对压力源的看法，决定其被视为挑战还是威胁。将压力源简单分类为挑战或阻碍，可能无法准确反映个体之间的差异。同时，压力源的挑战性或阻碍性也可能受到情景因素的影响。一个在某一环境中的挑战性压力源，在不同环境中可能被视为阻碍。因此，预先将压力源定义为挑战性或阻碍性可能无法全面考虑这些情景因素的影响。

（4）现有研究中员工情景约束与敬业度之间的关系成果不足

Harp 等在研究志愿者人数逐年下降的原因时，指出志愿者情景约束是导致工作敬业度下降的原因之一[36]。与此不同，Coo 等发现员工情景约束的存在不仅没有损害工作敬业度，反而还对其产生积极的影响作用。当员工与其他团队成员对工作环境中的约束感知一致时，无论团队约束感知程度如何，都能正向影响工作敬业度[38]。综上，鉴于文献尚未彻底揭示员工情景约束与工作绩效的关系在实证研究与理论分析中的差异，并且工作敬业度是工作绩效的重要影响因素，因此员工情景约束与工作敬业度之间的作用关系也值得深入探讨。

1.3 研究目的与研究意义

1.3.1 研究目的

为了解答前文提及的研究问题，首先，需要探讨测井技术服务员工情景约束的内涵，并修订其测量工具。本书引入西方学者们普遍使用的员工情景约束测量工具，将针对我国石油行业的测井技术服务员工群体进行修订，并对其效度和信度进行分析。目前，国内学者在情景约束领域的研究主要依赖于西方学者开发的量表，然而其跨文化适度性和针对我国测井技术服务员工群体的有效性还有待考察。因此，修订情景约束的量表将有助于促进情景约束的本土研究。

其次，将探索测井技术服务员工情景约束形成要素之间的作用关系，并提炼出该群体情景约束形成的原理。本书运用场理论和工作要求-资源模型，梳理测井工程技术服务员工情景约束的形成要素。工作要求、工作资源以及家长式领导都可能对员工情景约束产生影响。同时，以上形成要素的交互作用也可能影响员工情景约束水平。为此，本书将在理论层面阐释测井技术服务员工情景约束的形成，以及工作要求、工作资源和家长式领导等影响要素的运行状态及相互作用原理。

最后，本书将分析测井技术服务员工情景约束对工作态度和工作产出的影响过程，充分认识不受员工控制且不利于其发挥最佳绩效的约束情景及其作用效果。本书提出，测井技术服务员工从两个方面评判情景约束（挑战性认知评价和威胁性认知评价）；当将其约束感知视为挑战时，可以正向影响工作敬业度和工作绩效；而将约束感知视为威胁则可能对敬业度和工作绩效产生负面影响。本书还将验证成长型思维模式在以上作用路径中的调节效应。研究可以揭示压力认知评价的中介作用过程及其边界条件，从而理清情景约束对测井技术服务员工工作绩效的影响。

1.3.2 研究意义

（1）本书研究的理论意义

1）有利于拓展和丰富情景约束的外延和内涵。

现有大部分情景约束的测量工具适用于任何组织和职业，忽略了不同职业特点与情景约束之间的关联。测井技术服务涉及许多复杂和危险的活动，作业条件比较艰苦，作业环境比较危险。管理者不仅需要控制与危险活动本身相关的固有风险，而且还需管理可能以已知或未知方式影响员工绩效的环境和操作条件，因此情景约束的内涵可能会发生变化。

2）有助于梳理测井技术服务企业面临的员工情景约束来源。

以往对情景约束的研究大多集中于其影响作用，对情景约束的前因了解甚少。而且，已有情景约束影响因素的研究并没有可靠的理论基础，研究结果缺乏解释性，难以揭示情景约束与其前因变量之间的实质性联系[18]。本书将工作要求－资源模型和场理论作为理论基础，考察我国油田工程技术服务企业中测井技术服务员工的情景约束，并探讨其形成机理，从而提升情景约束在学术界和管理实践中的影响力。

3）有助于弥合文献中情景约束与绩效的理论联系与实证研究结果之间的差距。

本书聚焦于测井技术服务员工，检验情景约束对工作绩效的影响。由于以往实证研究中情景约束与员工绩效结果之间仅存在微弱的相关性，本书一方面挑战了以往情景约束直接妨碍员工绩效的观点，另一方面引入压力评价认知作为中介，深入挖掘测井技术服务员工情景约束与员工绩效之间的关系。研究结果可以揭示情景约束如何为员工提供成长的机会，而不是在绝对意义上成为负面因素。

（2）本书研究的现实意义

1）丰富基于我国文化情景和测井技术服务行业背景的员工情景约束研究。

情景约束的内涵和形成不仅因工作特征而异，也因塑造工作场所的文化而不同。在梳理测井技术服务员工情景的基础上，构建员工情景约束形成机理和影响研究框架，有助于企业有针对性地检验组织的可靠性，从而协助作业员工高效安全地完成任务。从油田工程技术服务企业的人力资源管理角度来看，识别这些因素可以进一步挖掘员工工作绩效低于考核标准的真正原因。

2）有助于企业开发创造性的解决方案。

虽然很多外部干扰因素超出测井技术服务员工的控制范围，但组织可以实施创造性的解决方案来规避这些障碍。研究情景约束可以帮助企业开发与之相对应的解决方案，从而优化工作流程。此外，解决情景约束相关问题能够让员工感受到被倾听和重视，提高他们的士气和动力，进而促进工作绩效。组织通过承认并改进那些超出员工控制范围的绩效抑制因素，可以确保绩效评估以公平而不是惩罚为目的。总的来说，研究情景约束可以帮助组织创造出更加透明和支持性的工作场所文化，从而激发员工的工作激情和敬业度。

3）推动工作绩效的管理超越测井技术服务员工行为干预层面。

一方面，测井技术服务员工的绩效会受到多种因素的影响，例如工作环境、设备质量、工作流程和管理政策等，仅仅干预员工的行为并不能解决根本问题，而行为干预往往是事后的纠正性措施。另一方面，在我国油田工程技术服务企业中，基础设施建设、能源生产等多个领域的业务广泛，处理事务就涉及多个部门之间的协作。

而且，这些企业往往面临更多的政策和法规限制，工作情景因素的复杂性增加。由此，员工层面的干预难以解决涉及整个系统的工作绩效问题。测井技术服务员工情景约束的研究能够使管理者不仅仅关注对个体行为，而是更全面地考虑和改善工作环境及其相关条件。

1.4 研究内容与研究方法

1.4.1 研究内容

本书研究主要内容包括以下三个方面：

情景约束的测量工具主要应用于西方国家，在我国组织情境下验证较少；此外，考虑到测井技术服务员工所涉及的危险活动和事故预控等独特的工作情景，员工情景约束的内容可能与其他组织有所区别。因此，已有的量表并不一定适用于我国测井技术服务员工群体。为了确保情景约束的内涵符合本土化行为特征和企业独特的工作情景，本书将修订目前使用最为广泛的情景约束量表。该量表不仅符合情景约束的内涵本质，还能契合测井技术服务的工作特点，更能展现我国文化和组织环境的特点，可以被用于后续关于测井技术服务员工情景约束形成机理及其对员工工作绩效的影响研究。

目前研究总结出情景约束的影响因素包括人格特质、个人态度或倾向以人口统计学信息，使得情景约束的形成与工作情景脱节。因此，本书将已有研究中的前因作为控制变量，结合工作要求－资源模型和场理论，选择工作要求、工作资源以及我国国有特大型企业中典型的家长式领导风格作为测井技术服务员工情景约束的前因变量。作者将对以上因素在员工情景约束形成过程中的关键作用进行挖掘，并且研究这些因素之间的相互作用效果，以构建测井技术服务员工情景约束的形成机理框架，提出相应假设，并最终对理论框架和研究假设进行验证。

本书以压力认知评价理论为框架，解释员工情景约束对工作敬业度和工作绩效的双路径影响效果，以理解测井技术服务员工对其工作情景的评价和适应过程。同时，考虑到员工的行为动机会影响其工作态度和工作产出，并结合期望理论，选取努力-绩效一致期望、关联性和效价作为研究员工对情景约束的认知评价与其工作敬业度和工作绩效之间关系的控制变量。因此，作者将基于理论和研究假设，分析测井技术服务员工情景约束对工作态度和工作产出的直接作用路径及中介路径。另外，个体对压力源的认知评价与应对方式会受到外部环境与个体特征的共同影响，员工对情景约束的认知评价结果还取决于个体特征。基于此，本书选取成长型思维模式作为调节变量，探索其在情景约束与员工认知评价结果之间的作用。

综上，本书对测井技术服务员工情景约束的内涵、形成机理与其对工作绩效的影响进行研究。根据理论和文献梳理，结合测井技术服务企业的特点，构建了本书总体研究框架，如图1-2所示。

1.4.2 研究方法

本书主要采用以下四种研究方法：

（1）文献研究

利用文献数据库检索并阅读大量经典文献，不断完善情景约束的形成和影响过程的理论基础、研究构念、模型框架及理论假设。在总结文献的同时，选取合理、匹配的测量量表与测量方法，以检验本书提出的各类假设。

（2）访谈分析

在文献研究的基础上，选取测井技术服务员工进行半结构化访

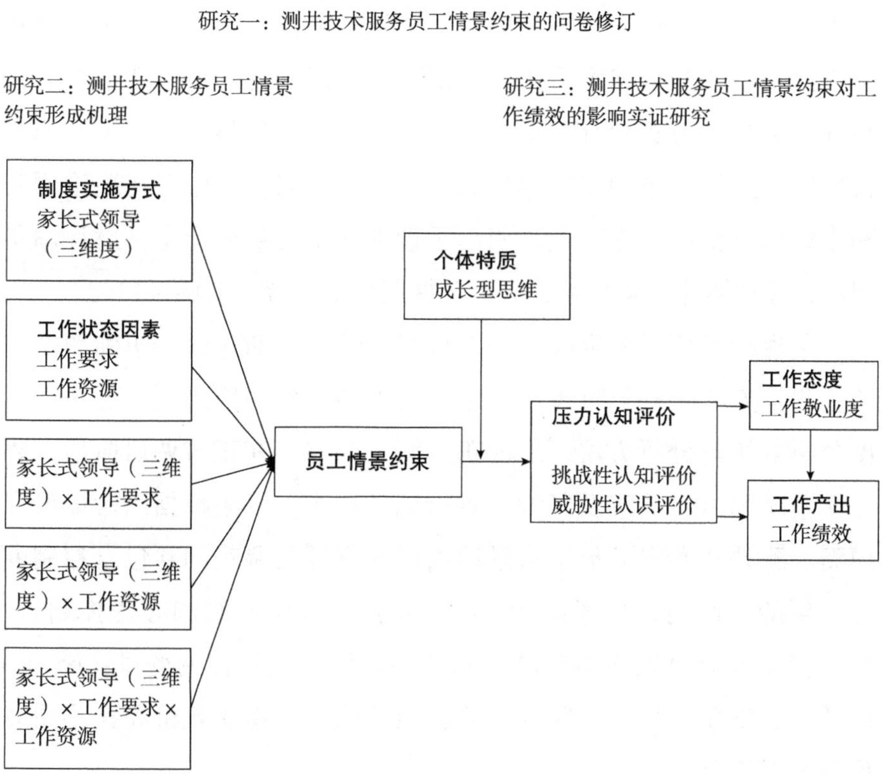

研究一：测井技术服务员工情景约束的问卷修订

研究二：测井技术服务员工情景约束形成机理

研究三：测井技术服务员工情景约束对工作绩效的影响实证研究

```
制度实施方式
家长式领导
（三维度）

工作状态因素
工作要求
工作资源

家长式领导（三维度）×工作要求

家长式领导（三维度）×工作资源

家长式领导（三维度）×工作要求×工作资源
```

→ 员工情景约束 ←

个体特质
成长型思维

↓

压力认知评价
挑战性认知评价
威胁性认识评价

→ 工作态度
工作敬业度

↓

工作产出
工作绩效

图 1-2　本书总体研究框架

谈，并对访谈所收集的信息进行项目分析。从访谈内容中提取出主题单元，利用质性研究结果形成初始项目。在对初始量表进行测试后，结合探索性因子分析修订测井技术服务员工情景约束量表。目前情景约束的研究还未体现出不同职业群体的特殊性，现有量表无法直接用于测井技术服务员工群体。通过与受访者深入的交流，研究者可以深入地了解测井技术服务员工对约束性工作情景的经验、感受和观点，而这些信息难以从问卷中获得。

（3）问卷调查

问卷调查在测井技术服务员工情景约束的研究中具有一定优势。与观察法相比，问卷中对于每个构念有明确的界定，量表中也能够罗列出每种约束性工作情景的具体类别或来源。相比日记法，问卷调查法采集数据的速度更快、周期更短，能够更好地保证信息的完整性。尽管行为实验有助于还原员工的真实工作情景，但是，测井技术服务工作情景的还原难度高、成本大。因此，作者在理论研究和半结构化访谈的基础上，明确了理论框架与研究变量，设计调研问卷，并从测井工程技术服务企业抽取样本进行问卷调研。

在测量工具开发阶段，基于已有文献及前期访谈，明确测量题项、测量方式及测量对象。通过小规模预调研并应用因子分析、信度分析等统计分析方法，形成正式测量问卷。在正式调研阶段，将在两个时间点对员工及其领导进行问卷调查，收集数据以验证研究模型。测井技术服务员工情景约束形成机理的调查问卷包含控制变量：年龄、性别、教育程度、岗位年限、岗位职级和心理控制点。员工情景约束对工作绩效的影响的调查问卷包括控制变量：努力 - 绩效一致期望、物质关联性、非物质关联性、物质效价和非物质效价等控制变量。

（4）统计分析

在数据分析阶段，作者通过信度与效度分析、多元回归分析、调节与中介效应的检验、结构方程模型等统计分析方法验证研究假设。使用的统计分析软件包括：SPSS 和 Amos 等。SPSS 用于信效度分析、多元回归分析、调节与中介效应的检验等环节，Amos 则有助于检验理论模型。

1.4.3 技术路线

根据前文提到的流程结构，基于规范的实证研究过程，形成本书的研究思路，如图 1-3 所示，同时规范设计了本书每章的阐述内容。

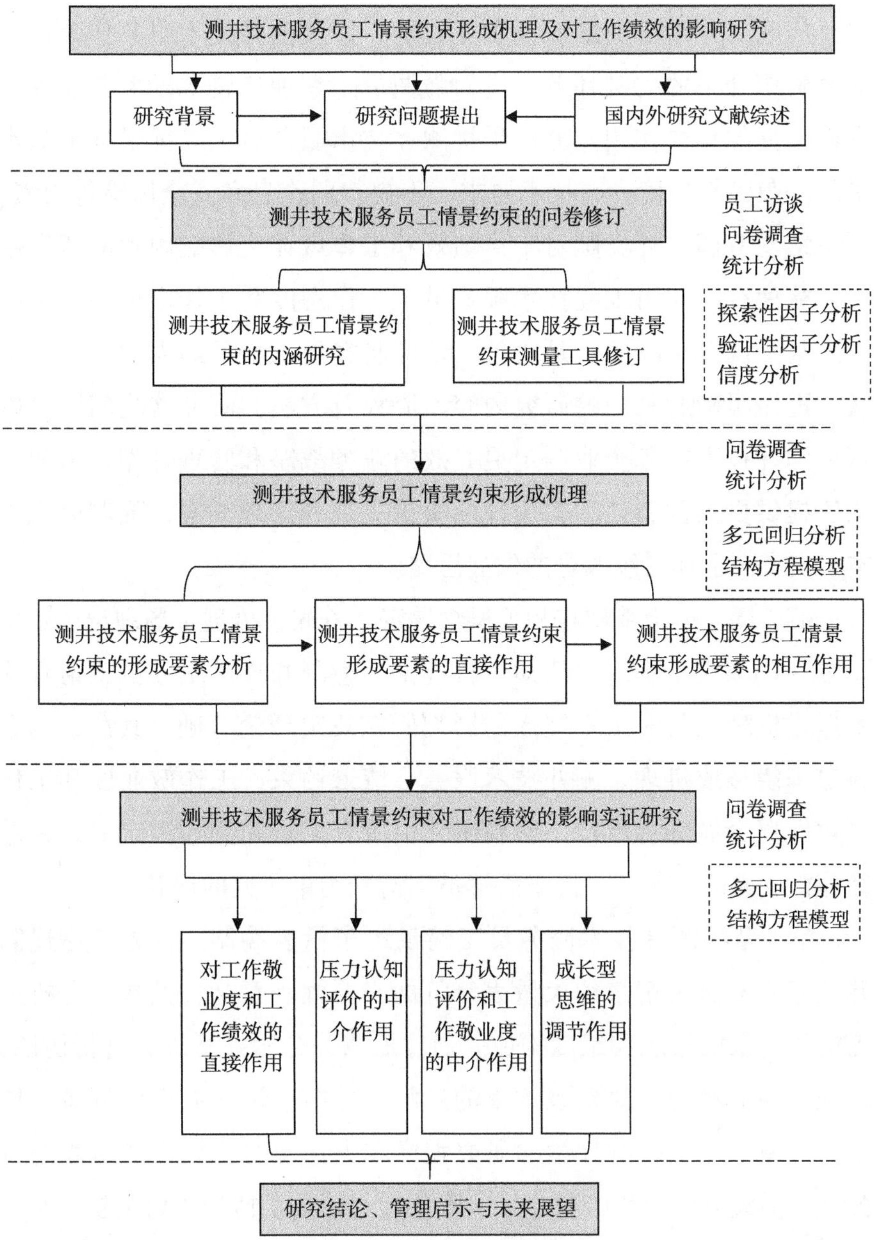
测井技术服务员工情景约束形成机理及对工作绩效的影响研究
研究背景
研究问题提出
国内外研究文献综述
测井技术服务员工情景约束的问卷修订
员工访谈
问卷调查
统计分析
测井技术服务员工情景约束的内涵研究
测井技术服务员工情景约束测量工具修订
探索性因子分析
验证性因子分析
信度分析
问卷调查
统计分析
测井技术服务员工情景约束形成机理
多元回归分析
结构方程模型
测井技术服务员工情景约束的形成要素分析
测井技术服务员工情景约束形成要素的直接作用
测井技术服务员工情景约束形成要素的相互作用
测井技术服务员工情景约束对工作绩效的影响实证研究
问卷调查
统计分析
多元回归分析
结构方程模型
对工作敬业度和工作绩效的直接作用
压力认知评价的中介作用
压力认知评价和工作敬业度的中介作用
成长型思维的调节作用
研究结论、管理启示与未来展望

图 1–3　本书研究思路

第1章 绪论。对理论和现实背景进行分析，提出所要研究的主要问题。介绍石油勘探开发业务链，以及测井技术服务作为地下油气资源开采的关键环节，进而强调员工在油气资源勘探开发效率方面发挥的重要作用。分析干扰测井技术服务员工发挥最佳绩效水平的复杂工作环境、高技术要求、不规律的作息和安全风险等因素，并总结现有国内外文献对工作绩效和工作敬业度影响因素的研究结论，梳理有关油田工程技术服务员工工作态度和工作产出的实证研究。基于现有文献的不足之处，论证研究员工情景约束的目的和意义，进而明确所采用的研究内容、流程及方法。研究这些问题可以帮助测井技术服务企业制定更有效的业务战略和管理计划，为测井队伍提供更具创新性和实用性的决策支持和管理方案，强调以人为本、安全至上和持续改进的发展思路。

第2章 理论基础与相关概念界定。首先，梳理了场理论、工作要求–资源模型和压力认知评价理论，为测井技术服务员工情景约束形成机理及其对工作绩效的影响研究奠定理论基础。其次，概念界定围绕形成机理、测井技术服务、情景约束、工作敬业度和工作绩效等概念展进行界定，明确研究中所有变量的操作性定义，并总结分析成熟的量表，以便于后续员工情景约束研究的展开。

第3章 测井技术服务员工情景约束量表编制。首先，论述测井技术服务员工情景约束量表修订的必要性和意义；其次，分析员工情景约束的概念和维度构成。通过抽取部分测井队成员进行访谈，以提取他们经历和对情景约束的理解，并结合访谈数据修订员工情景约束量表。依据统计学的研究程序和方法，对修订后的量表进行测试，形成适用于我国测井技术服务行业的员工情景约束测量工具。

第4章 测井技术服务员工情景约束形成机理研究。整合并利用当前文献中相关变量的测量工具，按照问卷设计的基本原则，设计了初始问卷并进行预测试,改进后形成科学的正式问卷。根据正式调研回收数据,再次对实证研究中量表的信度和效度进行检验,并运用独立样本 T 分析和方差分析等方法,对数据在人口学变量中体现出的差距进行初步分析。随后,运用回归分析、结构方程等分析方法对研究假设进行检验,揭示测井技术服务员工情景约束的形成要素及其相互作用。

第 5 章 测井技术服务员工情景约束对工作绩效的影响实证研究。利用调研数据,对本章实证研究中所涉及的变量进行量表的信度和效度检验。此外,检验员工情景约束对工作敬业度与工作绩效的影响,观察情景约束是否通过压力认知评价进而影响工作态度和工作产出,探索思维模式在此过程中的调节作用。

第 6 章 研究结论与展望。结合实证分析结果,梳理研究结论,并在此基础上提出相关管理建议。同时,讨论理论创新和研究局限性。

第 2 章　理论基础与相关概念界定

2.1　理论基础

2.1.1　工作要求 – 资源模型

工作要求 – 资源模型代表了一种双路径理论。第一条路径指出，工作中的资源，如工作支持或职业发展机会，可以鼓励员工发挥其最佳工作水平，进而提高生产力、敬业度和整体幸福感[125]。第二条路径则表明，工作中的要求，如情绪要求、角色压力和组织政治，可能消耗员工的情感和身体资源，引发员工情绪消耗，从而导致幸福感下降或职业倦怠增加[126]。

（1）工作要求

Demerouti 等人将工作要求定义为与工作中与身体、组织或社会相关的因素，这些因素需要员工持续进行体力或脑力劳动[127]。工作要求有多种表现形式，包括工作量、情绪要求、工作中的人际冲突，以及职场欺凌、不良组织氛围和组织不公正等[128]。以警察这一职业为例，因其特殊的工作内容和不稳定的工作环境，其工作要求可以分为工作内容要求和工作环境要求。工作内容要求，也称为操作要求，与职业特定的工作内容与特点相关，如职业暴露风险或不规律的工作时间；工作环境要求则源于现有的正式程序、工作支持不足或过多繁杂的文书工作[129]。因此，根据具体的工作环境、内容和职业特点，测井技术服务员工也会经历与之对应的工作内容要求和工作环境要求。

基于具体的工作环境、内容和职业特点，测井技术服务员工同样会面临与之相关的工作内容要求和工作环境要求。工作要求对员工的影响范围广泛，甚至延伸至家庭。究其根本，这样的冲突源于工作与家庭领域的相互不兼容的角色压力[130]。测井技术服务员工可能会被派遣到不同的项目地点，而频繁的工作地点转移会影响员工家庭的稳定性。由于石油的勘探开发等业务所处地理位置的特殊性，很多员工的工作地点相对偏远，常常引发工作与家庭之间的矛盾。值得组织管理者注意的是，工作上施加的压力若蔓延至家庭，可能会破坏员工的工作相关态度和行为，并威胁到员工在工作领域的表现。

（2）工作资源

工作资源是工作要求-资源模型产生作用效果的一个重要条件。当员工现有的工作资源无法满足其工作要求时，可能会引发压力并导致工作绩效下降。同时，工作资源还是帮助员工满足各种工作要求、实现目标、促进学习和成长的工作条件[127]。工作资源包括工作自主权、角色清晰、团队氛围和组织公平等。整体来讲，工作资源可以协助员工完成工作，减少工作要求对员工幸福感和工作投入程度的负面影响[131]。

工作资源首先体现在组织层面，这种环境特征可以促进安全、公平和信任的文化，并鼓励员工积极投入工作。组织资源的案例包括正式的政策、程序和实践（例如，绩效评估或员工发言机制），以及非正式的规范和价值观。许多组织层面的工作资源可以促进员工的个人成长，并减少工作要求带来的负担，例如自主权、任务多样性、角色清晰度和决策权[126]。另外，工作资源也包含社会资源，它们为员工提供情感、信息和工具支持，形成社会联系和人脉网络。这些社会资源的实例包括同事、导师和团队等，对于促进工作与生活的平衡、社会支持及积极的工作与家庭关系至关重要。

Bakker 及其团队确定了以下六个支持工作敬业度的资源情景因素：社会支持、工作重塑、自主性、任务多样性和重要性、上级－员工关系以及工作绩效反馈[62]。这些工作资源可以有效抵御工作压力，例如社会支持、绩效反馈和员工的职业发展机会[126]。在高工作要求下，工作情景中的资源通常会提高员工的效率[62]。

工作要求－资源模型为本书构建测井技术服务员工情景约束形成机理研究框架提供了重要依据。基于工作要求－资源模型，工作要求会给员工在管理精力和时间方面带来压力[132]。过高的工作要求可能使员工感到可用资源有限，或者难以满足现有的角色需求，这很可能会阻碍员工完成工作目标的动力和决心。因此，工作要求可以对员工绩效形成障碍，是测井技术服务员工情景约束的一个形成要素。

如果将工作要求视为对员工的干扰，那么与之相对的则是工作情景激励员工的工作资源。工作资源满足基本的人类需求，例如对自主性、能力和相关性的需求，从而激发内在动机[133]。同时，工作资源还可以激发外在动机，协助员工实现他们的工作目标。工作资源为员工提供必要的工具、设备，掌握新技能的机会以及其他组织成员的支持，这些都可以帮助员工更高效地完成工作任务，减少工作中的限制条件。因此，工作资源也可以影响员工的能力和动机转化，是员工情景约束的另一个形成要素。

实际上，根据工作要求－资源模型，当工作要求较高而工作资源较低时，员工可能会产生职业紧张反应[134]；同时，在工作压力下，工作资源可以为员工提供支持。即便是面对高工作要求的员工，也可以在工作资源下缓解紧张感[135]。因此，工作要求与工作资源之间的相互作用会产生不同的效果。本书还将深入探究它们的不同组合方式对测井技术服务员工情景约束的影响。

2.1.2 场理论

场理论最初应用于个体的生活空间，包含与个人相关的所有共存因素，例如自我认知、个人需求和环境线索。场理论指出，生活空间内的因素相互作用则会导致个体的行为，以及认知和情感反应[136]。该理论也被认为是理解个体认知、情感反应和行为的理论框架。例如，Bearden等在研究中指出，如果一个消费者不满意自己当前拥有的汽车，则会产生购买其他车辆、舍弃现有车辆的一股负力。然而，现有的汽车使得个体无须担负任何债务，这同时为个体保留该汽车以节省稀缺资源提供了一种正力。这些对抗力量的相互作用会造成个体心理紧张，而心理紧张又会产生动机，促使人们采取目标导向的行为来减轻这种心理压力。最终，消费者在权衡后可能会选择一辆可靠但便宜的汽车，这种选择默许了对抗力量的共存，从而为个体的生活空间带来平衡[137]。因此，行为是个体对力量群做出反应后的结果，学者对个体行为的研究必须在整个工作情景下进行[136]。

该理论由以下数学公式（2-1）表示：

$$B = f(p,e) \qquad (2-1)$$

其中"B"代表个体的行为，"p"代表个体（人），"e"代表个体交互的环境。

基于此公式，场理论的基本假设是，个体及其环境中因素之间的相互作用并最终影响个体行为。一个人在任何时间点的行为都由其当前的生活空间或心理场中共存的因素所决定。场理论也被称为

"分析因果关系和构建科学变量的技术或方法",用于解释个体所有行为[136]。

场理论是本书研究测井技术服务员工情景约束形成机理的理论基础。正如Lewin所指出的,行为从根本上是由个人和环境因素共同驱动的[136]。由于员工对于抑制绩效发挥的约束感知来源于工作情景中多方面因素的相互作用,这些因素共同存在并且可以产生对立力量。因此,本书选择了场理论来探究情景约束形成要素之间的相互作用。

为了充分挖掘场理论所指出的对抗力量,作者认为除了工作要求和工作资源以外,在工作情景中对员工行为和认知形成重要影响的另一个因素为领导风格。领导风格可以通过指导、激励和示范行为等方式对员工行为及认知产生影响。石油作为战略资源,其勘探开发风险较高,因此需要严格的纪律来确保勘探开发取得成效。员工不得擅自决定重大问题和重大经济事项。在测井技术服务工作中,员工在操作地面与井下设备时,需严格遵循操作规程和安全标准,并保持高度的警觉和风险防范意识。同时,无论是裸眼井测井、套管井测井,还是生产测井,测井技术服务都需要团队和工种之间的紧密协作,以确保测井技术服务安全和高效。团队与组织应具备严格的纪律和强有力的指挥能力。只有指令快速传达才能保障作业队伍的协调应急响应和突发情况的处理能力,这对作业任务的执行和紧急情况的应对至关重要。

在此情境下,家长式领导可以为员工提供必要的支持,尤其是在员工缺乏资源或培训时,领导者的协助尤为重要。家长式领导在我国有着深厚的根基。从传统意义上讲,我国家庭和社会中存在着强烈的尊重和顺从权威的价值观,这一价值观念也延伸到了工作场所,使得家长式领导在我国国有企业中较为普遍。当员工感受到领导者的支持和关心时,他们往往以积极的态度和行为应对工作[67]。

同时，出于对上级的信赖，员工会以强烈的决心和动力投入工作[138]。

综上所述，工作环境中有诸多因素给测井技术服务员工施加不同的力量，包括工作要求、工作资源、家长式领导等。这些因素会不断变化，因此也会形成不同的组合，从而对员工施加的力量各异。在本书中，测井技术服务员工感知到的情景约束体现了他们所处工作情景中多种对抗力量的共存。工作要求、工作资源和家长式领导等要素相互作用可能会导致员工产生心理紧张，但同时也可能在不同力量相互中和后缓解这种紧张感。因此，考虑到整体研究涵盖的变量，选择场理论和工作要求-资源理论作为评估测井技术服务员工情景约束形成要素及其运作原理的框架。

2.1.3 压力认知评价理论

心理压力是指当动机受到威胁、环境需求超过个人资源或消耗个人资源[139]、或当个体的当前和理想之间产生差异的状态[140]。心理学家 Richard Lazarus 在《压力：评价与应对》一书中提出了认知评价的概念[141]。根据这一理论，压力是个体接收的要求与自身应对资源之间不平衡的产物。Lazarus 认为，个体之间的压力体验存在显著差异，根本原因就在于个体对事件的解释方式以及评估结果不同[139]。不同的认知评价结果可导致个体间情绪的差别[142]。因此，压力认知评价是指个人解释和评估其环境中压力源的过程，这种评价对衡量个人所能承受的压力水平起着至关重要的作用。

个体的认知评价由初级评价和次级评价构成，如图 2-1 所示。初级评价的标准是事件对个体幸福感的影响，它涉及个体对于事件的重要性和与自身相关性的评估。如果个体对事件的初步评估结果为无关紧要或积极的，则不会产生压力；相反，如果个体对事件的初步评估结果为负面的或者被视为压力事件，则需要进行次级评价。

对于压力事件，挑战性的认知评价指个体相信可以通过热情、坚持和自信来克服困难，进而引发兴奋、期待等情绪。在这种认知评价下，个体相信该事件给予了掌握新技能或个人成长的机会。与之相反，威胁性的认知评价针对尚未发生的伤害或损失（即预期损失），当个体感知到在不久的将来可能会发生损失时，会将压力源视为威胁。压力认知评价理论可以解释相同或相似的事情如何引发不同情绪，并为分析情绪波动提供依据[143]。

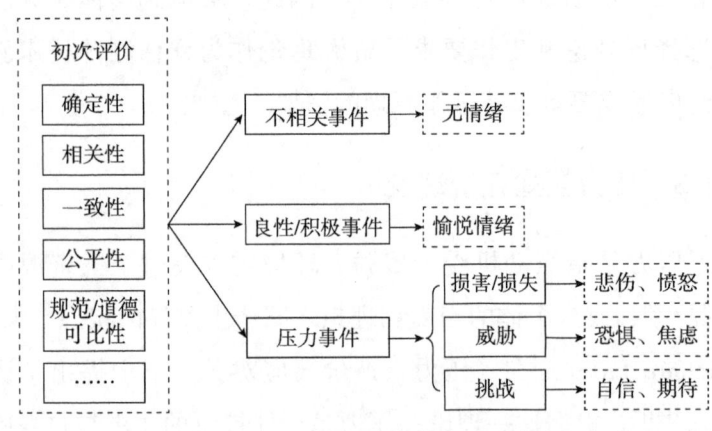

图 2-1　个体认知评价的过程

如果个体认为事件具有威胁性和不确定性，则会保持一种生理紧张状态；然而，如果个体认为事件安全并且可掌控，那么即使事件本身具有高威胁性，其生理反应也会减弱[144]。这种观点证实了压力是一种感知，其形成源于个体的认知评价。Lazarus 和 Folkman 进而将压力认知评价理论应用于理解压力的产生，认为个体对事件的认知评价不仅仅引发情绪，也可以影响感知压力的形成与强度[141]。他们强调，压力体现了个体与其所处环境之间的关系，例如，当个体处于超出其应对资源并危及其幸福感的环境之中。根据压力认知评价理论，人们对压力的感知基于其预期中应对压力源的困难程度；

如果个体预计有效应对压力源的可能性较低,则压力会相应增大。

本书使用压力认知评价理论,探索测井技术服务员工情景约束与工作态度和工作产出之间的中介机制。该模型强调个体对事件的主观认知和评价,提出个体对事件的解释和评价直接影响其压力反应的产生。压力认知评价理论为员工情景约束提供了一个认知框架,能够解释员工在约束感知下的评价过程。它强调个体和环境的相互作用,个体和环境处于一种动态、相互对等和双向的关系中。认知评价不仅仅关注环境或个体,而是在情景中两者的整合。因此,压力认知评价理论有助于深入理解为何测井技术服务员工在相同情景约束影响下会产生不同的反应。

以上讨论为后续研究涉及的场理论和工作要求-资源模型进行了简要概述,并梳理出测井技术服务员工情景约束的形成要素。结合场理论,工作情景中存在诸多因素给员工施加不同的力,作者论述了工作情景中多种因素如何对员工施加不同的力量,尤其是工作要求、工作资源和家长式领导对测井技术服务员工情景约束形成的潜在作用,以及这些形成要素间相互作用对测井员工情景约束的影响。这为后续对测井技术服务员工情景约束形成机理的研究框架奠定了基础。除此之外,作者还梳理了压力认知评价理论,并剖析了测井技术服务员工情景约束对工作敬业度和工作绩效的中介机制。

2.2 相关概念界定

2.2.1 测井技术服务

测井是石油工程的重要一环,是地下油气资源开采的关键环节。通过专用电法、声波和放射性仪器探测地层,测井可以精准定位油气的位置、精确评估油气的含量,并有效预测油气能否有效采出。测井技术涉及范围广泛,包括声、电、核、磁、光、压力等方面。测井技术服务利用各种井型测井、射孔、动态检测、工程检测等作业能力,在油田现场开展油气勘探和开发工作,是油田工程技术服务的一个组成部分[145]。

油田工程技术服务涵盖的范围更大,是以油田为主要业务开展场所,为石油、天然气勘探、开发与生产提供工程技术解决方案的服务性行业,含有物探、钻井、测录井、固井、完井、压裂酸化、生产收集等板块。其中,测井技术服务是油田勘探和生产过程中测井、录井和试油等油田测试服务业务。整体来讲,油田工程技术服务是发现油田的重要手段,助力我国石油"储量增长高峰期""原油稳中有升""天然气快速发展""长庆、新疆、海外规模上产"等工程的实施,为保障国家能源安全和海外效益开发提供技术支撑[146]。

测井队伍按作业类型分为裸眼测井队、生产测井队和射孔队三类,具备两种或两种以上作业能力的测井队被称为综合测井队。我国油田工程技术服务企业会根据关键岗位人员和设备情况对测井队伍资质进行分级。关键岗位人员水平高、设备审核得分高的队伍可以承担额定能力范围内各种井的施工作业,而资质较低的队伍仅能承担低风险开发井的施工。

不论是裸眼测井队、生产测井队还是射孔队,队长和操作工程师都是必不可少的关键岗位。在低风险开发井的作业中,队长可兼职操作工程师。在其他情况下,现场施工至少需配备一名队长和两名操作工程师作为关键岗位人员。对于工程测井以及低风险专项作业非关键岗位人员,例如绞车操作岗、井口操作岗、装炮岗或驾驶员,则根据生产实际需求进行配置。因此,队长和操作工程师的评估分级结果直接关系到队伍整体的施工能力与业绩。他们需要定期通过评级来确定所带领队伍的资质，评级标准包括学历、测井队累计工作时间、本岗位累计工作时间、技术职称或职能等级、关键岗位人员考试、岗位实操能力和职业素养等。

在队伍中，测井技术服务员工包括测井、射孔取心、地层测试、测井绘解等工种人员。这些员工主要操作各种仪器设备进行油、气、水井的测井，射孔、取心、测试和绘解作业。他们常常需要在特殊环境或使用特殊工艺进行工作，如在高温、高压、含硫有毒气体、超深井、水平井段或小井眼等环境中施工作业[146]。

2.2.2 情景约束

通过调查分析 62 名不同岗位的员工业绩不佳的环境原因，Peters 和 O'Connor 首次梳理出情景约束，并将其分为八大类。每个类别中的资源都有三个维度，分别为可用性、数量和质量[3]。约束类别及其定义见表 2-1。

表 2-1　Peters 和 O'Connor（1980 年）情景约束八大类

情景约束类别	定义
工作相关信息	完成工作所需要的信息（来自主管、同行、下属、客户、公司规则、政策和流程等）
工具和设备	完成工作所需的特定工具、设备和机械
材料和用品	完成工作所需的材料和用品
预算支助	完成工作所需的财政资源和预算支助，不是指在职者自己的薪水，而是指完成作为工作一部分的任务所需的资金支持
所需的服务和他人帮助	完成工作所需的服务以及他人帮助
准备工作	完成工作所需的个人准备，或通过以前的教育、正式的公司培训和相关的工作经验所积累的准备
可用时间	考虑到时间限制和工作被中断、不必要的会议、与工作无关的干扰等情况，完成分配工作所需的时间
工作环境	完成工作所需的工作环境

情景约束自提出以来，就反映了工作情景中的抑制性条件。情景约束进而被定义为阻止员工将其能力和动机完全转化为绩效，形成绩效障碍的工作情景特征[12]，该定义也得到了学者们的广泛认可[16]。Freedman和Phillips认为，情景约束不仅削弱了员工对绩效结果的控制感，还限制了员工获得个人价值感和成就感的机会[147]。Kane则提出，与促进性情景相比，约束性情景使任务的完成难度更大，并将情景约束定义为超出员工可控范围并限制其绩效达到完美水平的情景[148]。

然而，员工对相同工作情景的认知存在差异，员工自我测评和主管测评的情景约束水平并不一致[148]。Kelley的归因理论框架指出，个人归因受个体特征、物体特征以及归因情景三个方面影响[149]。员工和同事针对同一工作情景的约束感知水平不仅可以存在差异，并且员工高于其同事的约束感知水平还会损害自身的工作投入[38]。因此，情景约束的测量结果实际上反映了被评估者对工作情景中各种不受控制的条件、资源和事件的主观感知，而非工作情景的客观约束水平。综上，本书将情景约束定义为，员工面对不受其控制、可以抑制其绩效的工作情景或事件所产生的约束感知。

2.2.3 形成机理

在一般的语境下，"机"是指某个事物的运作方式、物理结构或操作机制。它强调的是事物的运行机制，即如何实现某种功能或产生某种效果。例如，"机"可以指一台机器的构造和工作原理[150]，或化学物质的结构和工作方式[151]。"理"一词通常与理论相关，它强调的是对某种事物或现象的认识和解释。理论是指基于事实和观察的系统性解释、原则或规律，旨在提供对现实世界中某种事物或现象的深入理解，并为进一步的研究和应用提供指导。

将两者结合，机理指解释事物发生或运行的原理、规律或过程的理论体系，涉及事物或现象的内部机制和过程，以及造成其发生和变化的基本因素。机理通常用来剖析为什么某种现象会发生以及它是如何发生的。尽管机理通常涉及物理、化学、生物等自然科学领域中的事物，但它也可以用于解释社会、经济和心理等人文社科领域中的现象。形成机理是指事物形成的过程，即事物经历的各种因果关系和相互作用所导致的结果，注重事物的发展和演化过程，涉及各种因素、力量和条件的相互作用。

陈胜祥和冷超在讨论制度的形成机理时，将其形容为"行动模式"，即模型中各要素之间的关系在实际情况下会随时变化，这种变化构成了多种模型。这些模型均以共同的结构作为基础，在嵌入不同的情境后，体现出要素间不同的相互依赖性，而多样化的框架最终构成该制度的形成机理。机理强调结构（共性）和状态（个性）相结合，结构一般指静态的制度内容或者动态的制度实施方式，而状态则指物品的特性及其对人的行为的影响[152]。杨道建等人在讨论员工特定行为的形成机理时，不仅探究了不同员工的行为逻辑对行为的影响，还通过研究行为逻辑的交互过程构建了行为的形成机理[153]。因此，形成机理可以整合不同研究视角，以立体化的形式展现要素对结果变量的影响效应以及要素之间的关系。

测井技术服务员工情景约束的形成机理应是结构和状态相结合而构成的产物。本书所探索的形成机理不仅揭示工作要求、工作资源和家长式领导三维度分别对员工的各自影响，更是探讨它们的相互作用与测井技术服务员工情景约束之间的关系。家长式领导的三个维度作为结构，通过影响权力和决策的执行方式，以及提供指导和支持的方式，决定整个组织的运作模式；而工作要求和工作资源则作为状态，影响员工在这种结构下的行为和态度。这两者共同构成了员工情景约束的形成机理，对测井技术服务员工的管理和激励产生重要影响。

2.3　本章小结

员工情景约束被认为是当前组织研究中一种影响员工能力和动机转化为有效工作绩效的重要绩效决定因素。有效识别与管理测井技术服务员工情景约束对油田工程技术服务行业发展以及石油工程事故的预控具有重要意义。本章首先简要概述研究框架的理论基础，并界定研究涉及的形成机理与测井技术服务的概念，接着对员工情景约束、工作敬业度和工作绩效的概念进行界定。本章利用工作要求－资源模型和场理论，为探索测井技术服务员工情景约束形成机理奠定理论基础，同时运用压力认知评价理论探讨以往文献中理论与实证研究之间员工情景约束与工作绩效关系不一致的原因。本章的理论基础与概念界定为后续测量工具的修订、测井技术服务员工情景约束的形成机理研究以及对员工工作敬业度和工作绩效的影响研究奠定基础。

第 3 章 测井技术服务员工情景约束量表编制

本章的主要目的是确定测井技术服务员工情景约束的测量工具，以供后续的实证研究适用。考虑到油田工程技术服务企业所涉及的工程项目、危险活动和事故预控等独特的工作情景，测井技术服务员工情景约束的内容与目前主要应用于行政岗位员工的情景约束量表有所不同。结合本书的概念模型，本章修订了适用于我国测井技术服务员工的情景约束量表，并通过预测试和正式测试确保该量表的内涵符合本土化行为特征和测井技术服务行业的工作情景。

3.1 员工情景约束量表编制的必要性

员工情景约束可以阻止员工将能力和努力转化为高水平工作绩效。Peters 和 O'Connor 总结了 11 种情景约束的来源，包括工作相关信息、预算支持、所需支持、材料和用品、所需服务和他人帮助、任务准备、时间可用性、工作环境、活动安排、运输和工作相关的权力[3]。尽管这 11 种情景约束的分类使得该概念的定义和内涵更加明确，但由于这些来源是基于白领工作者的样本得出的，因此，其中的预算支持等因素不一定完全适用于在油田现场作业的测井技术服务员工。

Liu 等人的跨文化研究表明，员工情景约束可分为人际约束（例如，上级的命令相互冲突）和工作环境约束（例如，培训不足），而且样本中美国员工比中国员工经历了更显著的人际关系约束[10]。尽管 Liu 等人预测中美两国由于经济发展水平和工作场所条件的差异可能会出现工作环境约束的不同，但研究发现两国员工之间并无显著差异。总而言之，该项研究表明，员工情景约束在不同工作情景下可能具有不同的内容和影响，而目前国内关于员工情景约束的相关研究均未考虑样本中团队和组织的特点，以及这些组织背景信息可能对员工情景约束内涵的影响。

忽视行业特点而使用员工情景约束量表，可能会导致学者们低估企业的复杂性，过度简化或错误分类工作情景中的约束条件。我国油气勘探的深度不断增加、厚度越来越薄、孔隙越来越小、岩性更加多样、流体更加复杂，勘探开发难度持续提升，扩展了油气生产的风险。正因为如此，员工的核心工作内容已经从具体技术操作扩展到复杂的、与企业和社会严重危害相关的、可以造成重大社会经济影响的各项活动。测井技术服务员工在如此复杂并且动态的环境中工作，对工作情景中的工作设计方式或工作场所中基础设施的要求也不断更新。与其他行业略有不同，这些在外作业的员工往往远离家庭，而且工作和休息均在作业现场进行，导致工作时间和轮班持续时间等周期变得不稳定。工作和休息时间的界限模糊会扰乱员工的昼夜规律，造成轮班后的睡眠不足，干扰神经系统，进而可能影响心理健康以及正常工作[154]。以上工作情景中的制约和挑战需要在测井技术服务员工情景约束的测量工具中得到反映。

为了真实衡量测井技术服务员工所经历体验的情景约束，本章以该群体为样本，依照量表的编制与验证程序，对员工情景约束量表进行修订。首先，对员工情景约束的概念和结构维度进行分析；随后，结合员工的访谈结果修订量表；最后，通过量表的预测试和正式测试所回收的数据进行信度和效度检验。

3.2 员工情景约束量表的理论依据与维度构成分析

3.2.1 理论依据

员工情景约束是一种主观约束，需要从归因理论的角度进行论述。归因理论起源于 Heider[155]，最初旨在解释外行人如何决定特定事件的起因。学者们对归因理论做了多种延伸，这其中 Weiner 的归因模型对描述事件成功或失败的潜在原因具有重要意义。Weiner 的模型将成功和失败的潜在缘由分为三个维度，分别为因素来源、稳定性和可控性。第一个维度因素来源（locus of causality）表明原因可以分为内部（与个人相关）或外部（与情况相关）。内部原因指个人所表现的技能，以及在任务中的投入和付出；而外部原因则包括任务的难度和个人的运气。第二个维度稳定性（stability）用于描述事件起因是否可能再次发生，从而判断原因是否稳定。稳定的原因包括个人技能和任务难易程度，不稳定的原因是指投入的努力和运气。稳定性决定了个体在遇到相同情况时对成功或失败的预期：稳定的原因使人期待相似的结果，而不稳定的原因则让人期待不同的结果。第三个维度可控性（controllability）用于区分事件的成功或失败是否可由个人控制。因此，归因理论描述和解释了人们如何分析自身行为的原因，而不同的理解和分类会对个体行为产生不同影响[156]。基于归因理论，个体对相同的工作环境和资源有不同的认知，对工作情景产生的作用理解也有差异。

通过对事件进行归因，员工对客观工作情景形成了主观认知。研究员工情景约束时，必须考虑员工对其工作职责以及工作情景的理解。

另一个证明员工情景约束合理性和重要性的依据为复杂系统理论。在任何组织中，导致绩效波动的一系列事件并非完全可控，复杂系统中的设计、组织和运营特征更是复杂多变。耶鲁大学社会学教授佩罗指出，组织由大量相互作用和相互依赖的部分组成[157]。在研究绩效差异和波动时，员工个人不总是"罪魁祸首"，而是复杂系统的设计和组织问题相互作用所致。低水平的工作产出往往是系统中早已存在的故障在生产链末端的表现，因此绩效分析需要着重于组织层面上那些不受员工控制的限制性工作情景。

3.2.2 维度构成分析

员工情景约束源自组织内员工层面对其绩效行为的限制因素。Spector 和 Jex 开发的一维度员工情景约束量表在国内外应用广泛。然而，也有许多学者认为员工情景约束不仅仅是一个一维构念，并对此进行了不同的划分[4]。商祥巧利用调节焦点理论，将员工情景约束细化为过程约束、投入约束和结果约束，并探讨这三种约束对员工创新动机和行为的积极影响。投入约束指的是员工在创新过程中可获取资源的限制，该研究中由时间和财务约束两个维度代表；过程约束指员工在创造性过程中需遵守的程序或特定规则；结果约束指对员工创造结果的明确要求或标准[81]。Brown 和 Mitchell 提出，员工情景约束可以被划分为人际关系约束和技术约束。其中，人际关系约束是指能够限制员工绩效的工作环境中与他人互动相关的因素；而技术约束描述了限制绩效的有形障碍，包括技术故障和物质资源缺乏[158]。在此基础之上，Martínez-Tur 等人在研究中发现，相较于人际关系约束，技术约束对客户满意度的负向影响更显著[159]。

Liu 等人将员工情景约束分为工作环境约束和人际关系约束[10]。在此基础之上，Coo 等人将工作环境约束进一步细分为基础设施约束和结构约束[38]。Steel 和 Mento 通过四个维度来评估情景约束，包括任务相关约束、人际关系约束、环境约束以及政策或程序约束[160]。不同结构维度及内容详见表 3-1。

表 3-1 情景约束结构维度

维度	研究者	内容
一维度	Peters 和 O'Connor[3]；Spector 和 Jex[4]	8 或 11 类情景约束
二维度	Liu 等[10]	人际关系约束、工作环境约束
	Brown 和 Mitchell[158]；Martínez-Tur 等[159]	人际关系约束、技术约束
三维度	Coo 等[38]	人际关系约束、基础设施约束、结构约束
四维度	Steel 和 Mento[160]	人际关系约束、任务相关约束、环境约束、政策或程序约束

注：作者根据相关文献整理所得。

然而，目前多维度员工情景约束的测量方式仍然缺乏充分的验证。Liu 等所提出的工作环境约束和人际关系约束的二维构念在他们团队的研究中展现出了较好的模型拟合指标，但从未在其他研究中得到应用和检验[9,10]。Coo 等的三维度量表在研究中表现的模型拟合指标并不理想[38]。尽管从理论上看，情景约束的二维和三维结构都得到了支持，但在实际研究中，只有一维度的测量得到了反复的验证。国内学者张婕、周洁等人以及商祥巧均在我国组织情境下使用该量表测量情景约束，显示出良好的效度和信度[11,81,84]。

3.3　测井技术服务员工情景约束量表初始项目生成

3.3.1　文献中的初始项目清单

在研究中，演绎研究方法意味着对文献进行回顾，并且由此生成量表的初始问题。而归纳研究方法则通过向受访者提出开放性问题，搜集他们对于研究主题的描述和看法。随后，研究者通过对受访者的描述进行内容分析，识别并分类关键字或主题，进而归纳出新的概念内涵。使用演绎法要求研究者充分了解调查现象，回顾文献以挖掘构念的理论定义，并将该定义用作量表开发的指引。相对而言，归纳法较少涉及理论构念，通常用于尚无成熟理论领域的量表开发[161]。

由于情景约束一维度的量表已经得到反复验证，采取演绎和归纳相结合的方法，以广泛使用的情景约束量表作为基础，确定该量表的一维度结构，然后通过归纳法来收集数据以形成修订量表题项[162]。

按照 Grant 和 Davis 的建议，现有文献和访谈调查的数据可以为主题识别和生成初始项目提供指导[163]。将基于 Spector 和 Jex 开发的一维度情景约束量表编制适用于测井技术服务员工的情景约束量表[4]。考虑到 Spector 和 Jex 的量表可能无法准确、全面地提炼出测井技术服务员工所面临的困境，作者还将对该量表进行修订，并检验其在我国油田工程技术服务企业中的有效性。初始的员工情景约束量表题项见表 3-2。量表采用李克特五点量表形式进行计分，1 表示从来没有，2 表示一个月一或二次，3 表示一周一或二次，4 表示一天一或二次，5 表示一天数次。

表 3-2 情景约束量表内容

量表名称	题项
组织情景约束（OC）	OC1. 不良的设备和供给
	OC2. 组织的条例和程序
	OC3. 其他员工
	OC4. 您的上级
	OC5. 设备和供给的馈乏
	OC6. 不足够的培训
	OC7. 被其他人干扰、打断
	OC8. 关于"做什么"和"怎么做"，缺乏必要信息
	OC9. 不同工作要求发生冲突
	OC10. 来自他人的、不适当的帮助（帮倒忙）
	OC11. 不正确的指导

3.3.2 访谈材料收集

在此基础之上，为了准确把握测井技术服务员工情景约束的内涵，丰富情景约束的项目池，作者通过半结构化访谈收集题项，访谈内容详见附录1。

由于文献中尚未有针对油田工程技术服务企业的员工情景约束构念，半结构化访谈可以收集真实细节的信息，有助于提取员工对工作情景中限制他们能力和动机转化为最佳绩效的认知。选择了50名来自隆昌和西安的测井技术服务企业的一线作业员工作为访谈对象。研究人员对每位受访者分别进行了半结构化访谈，访谈对象在工作年限和工作业务上各不相同，每次访谈时间约为20分钟。由于员工情景约束是一个相对专业和抽象的概念，在访谈开始时，研究人员对其进行了简单易懂的说明：在工作中，有一些不受您控制的因素可能干扰或不利于您完成工作任务。这些不受控制的工作情景或事件会抑制您发挥最佳表现，从而产生一种约束感，即情景约束。在向受访者简单描述了最佳绩效水平受到限制的感受之后，访谈主要围绕以下两个问题展开:"你在工作中是否感受过情景约束?""你认为导致情景约束产生的原因是什么?"在取得受访者同意后,研究人员进行访谈和录音。当访谈中一些概念和观点反复出现,且数据达到饱和时,研究小组决定不再继续访谈,进入访谈内容分析流程。

3.3.3 访谈内容分析

首先,对访谈资料进行分类、编码和整理,使用讯飞听见软件对所有访谈录音进行转录和编辑,并将文字稿导出以便进一步分析。研究人员对每位受访者的访谈内容进行了提炼,剔除与员工情景约束概念不符的陈述句,并对剩余的语句进行分类,并将其整理至主题单元[164]。分类后,经过研究团队反复讨论,获得13个概念范畴,见表3-3。表3-3反映了作者对原始访谈记录概念化和范畴化的过程,展示了主题单元中较有代表性的访谈记录语句。例如,一个受访者表示:"为了提质增效,反而让施工条件变得更差。本来这口井预算8000万元,结果说要节约成本,只批了6000万元。钱少了,用的材料和设备就得降档,导致井下作业环境越来越糟糕。"这句话被简化为一个主题分析单元,即"完成工作所需的资金资源不足"。另一个受访者提到:"现在人员缩减得很厉害,从原来的1500多人降到900多人。而且员工平均年龄都快48岁了,体力明显跟不上。外聘员工又不是正式工,技能水平有差距,可我们这个行业偏偏特别依赖经验。"这句话被简化为一个主题分析单元,即"完成工作缺乏有能力的人"。

对13个初始题项进行进一步分析,删除在访谈内容中出现频次较低的单元2个,并且将主题单元与Spector和Jex的原始量表进行对比,对所有题项进行梳理和修订后,最终形成测井技术服务员工情景约束的初始题项11个,见表3-4。

表 3-3　测井技术服务员工情景约束访谈内容分析主题单元

条目序号	概念范畴	原始访谈语句（代表性）
1	生产组织管理方面存在缺陷	其他人员都是兼职的，我们有很多事务性的东西要做，不仅仅只是负责某一方面，安全方面会临时分配一些工作，上级的紧急安排比较多
		给我们的时间非常短，假设你在3个月之内没有搞定，又需要从头办起
		如果发生了故障，领导可能要求10至20分钟解决，但人员不可能马上抽调过去；时间上存在不匹配的问题，现实的工作与时间安排达不到领导的期望
		如果领导在头天下午把任务交给我，第二天上午就会催着要；我们做项目通常是团队协作，很难单独完成。每当同事负责的部分需要修改时，也会连带影响我的工作，导致大家都要重复返工
2	不同地域对危化品的管控要求不一致	比如审批流程就很烦琐，好不容易拿到运输许可，又因为化学品使用审批未通过而耽搁。时间一拖延，运输许可过期了，又得重新申请，整个过程会耗费大量时间
		各地的政策有所不同，尤其是自治区。比如一套方法和材料可能在当地能申报，但到了内蒙古自治区就不行了，又得重新调整，而且有些要求完全是他们自己的特殊规定
		公司重组后业务变得太杂了，要求我们什么都要会做，什么都要管，根本没有统一的标准
3	员工技能水平不具备综合施工服务能力	安排他做一项工作时，可能由于能力或经验有限，完成的效果很不理想；给出的反馈也不尽如人意，完全达不到预期要求。即便给予指导和建议后，他还是像青蛙一样，戳一下才动一下，缺乏主动性
		有的人他什么也不愿意做，不愿意去执行
		外包团队的流动性很大，他们的责任心往往不如内部员工，一旦出现问题就直接离职了
4	现场施工作业环境恶劣	夏天在外施工时，我们必须整天戴着那种不透气的面罩和护目镜，汗水经常把镜片打湿，又闷又难受；到了冬天，镜片起雾更麻烦，什么都看不清
		30多摄氏度的高温天，但生产任务紧、工作量大，我们只能在持续高温下坚持干满三个小时
		一个人每天要在操作台上连续坐七八个小时，真的特别难熬；那时候我也是开绞车的，整天就一个人闷在驾驶室里重复操作，时间久了特别烦躁

续表

条目序号	概念范畴	原始访谈语句（代表性）
5	作业过程中遇阻、遇卡的事件时有发生	施工过程中经常因各种原因被迫停工，比如当地村民堵路；有些施工材料需要每天运输，一旦被禁止运送，整个工程就完全没法继续了
		我正在做一个项目时领导突然安排新任务，那肯定得先处理领导交代的事，结果耽误了原来的项目进度
		但有时候同事突然被临时调去出差，偏偏项目又急着要汇报，导致我们的工作量就增加了
6	测井技术服务定额没有及时调整	为了提质增效，反而让施工条件变得更差。本来这口井预算8000万元，结果说要节约成本，只批了6000万元。钱少了，用的材料和设备就得降档，导致井下作业环境越来越糟糕
		甲方从两年前就一直在压降本增效，就是年年要降价。比如今年提的要求，就得比去年降5%~10%。但站在企业立场，我们坚持成本底线绝不降价。两边一直僵持着，始终谈不拢
		现在市场技术变革给我们带来巨大冲击，特别是那些民营企业和中小型公司，他们根本不在我们体系内，纯粹靠低价抢市场，觉得有口饭吃就行。这种恶性低价竞争，对我们造成很大压力
7	测井技术服务关键岗位人员短缺	我们严重缺人，尤其缺有知识、有能力的骨干。现在招人越来越难，来应聘的不少，但符合条件的太少。很多工作交给普通员工，由于知识和能力有限，他们上手慢，关键岗位根本顶不上去
		现在人员缩减得很厉害，从原来的1500多人降到900多人。而且员工平均年龄都快48岁了，体力明显跟不上。外聘员工又不是正式工，技能水平有差距，可我们这个行业偏偏特别依赖经验
8	上下级沟通存在障碍	有时候领导让我们维修设备，比如某个配件，但这个配件不是通用件，是垄断配件。客观存在这个情况，但领导就是理解不了
		上级有些工作要求本身就存在矛盾，思路不清晰，目标也不明确，导致我们开展工作的时候根本无从下手
		有些事看起来是日常工作，但明显超出你的职责范围了，可能得花一两周甚至一个月外出调研。上级既然有部署，基层总不能以没时间没精力为由撂挑子不干

续表

条目序号	概念范畴	原始访谈语句（代表性）
9	受油田勘探开发生产施工规程和流程的限制	一些事情执行起来牵涉的管理部门太多，审批程序烦琐、环节复杂，执行起来特别吃力
		在市场开拓过程中，经常遇到和集团公司政策不符的情况，这会导致事情推进缓慢，还得层层向上汇报，反复沟通解释才行
		看我证件上的日期就知道，这行我已经干了一两年了。没经验能坚持学这么久吗？可他们非要我证明我就是我，非得验证我到底有没有真本事
10	油田勘探开发投资与测井技术服务企业的衔接不畅	所有决策都是领导拍板。领导身处那个位置，难免有不周全的地方，但问题在于根本没有反馈渠道，这样下去，迟早要出大问题
		甲方非要我们继续往下施工，可我们做不了主，上报公司也没用，下面根本执行不下去。最后活儿等于白干，说到底还是沟通出了问题
		甲方领导在现场就觉得我们小队长级别太低，要求所有人都得听他的指挥。就算我们向公司汇报，上级出面沟通也未必能改变他的决定
11	测井技术服务所需的特定工具、设备标准不统一	现有的工艺和原材料，根本达不到我们需要的产品标准
		看招标文件的技术参数，他们明明都符合要求，我们也没理由拒标。可实际中标后，他们提供的东西跟我们的真实需求完全对不上号
12	测井技术服务装备配件、消耗材料供应不及时	现在最关键的制约因素就是仪器稳定性——国产设备的品质还有待提高。说实话，我们的很多基础技术跟国际先进水平比还有一定差距
		国内顶尖公司的产品保质期只有一个月，而国外同类材料三年内都能保持稳定性能
		供应商的相关事项尚不完善，导致我们无法购买到用于实验的原材料
13	测井技术服务员工培训体系不完善	培训内容中的学习要求，除了少量适用于这个行业的基本要求外，很多与我们实际接触的内容不相关，存在较大偏差
		目前我们正处于改革转型阶段，需要一个适应过程。从这个角度来看，我们希望能够参加更多培训，特别是针对新事物的培训。希望公司能够多提供参加培训的机会，并加强与相关部门的交流

表 3-4 测井技术服务员工情景约束初始量表

量表名称	修订量表题项
情景约束（SC）	SC1. 受油田勘探开发生产施工规程和流程的限制
	SC2. 测井技术服务关键岗位人员短缺
	SC3. 上下级沟通存在障碍
	SC4. 测井技术服务装备配件、消耗材料供应不及时
	SC5. 作业过程中遇阻、遇卡的事件时有发生
	SC6. 不同地域对危化品的管控要求不一致
	SC7. 员工技能水平不具备综合施工服务能力
	SC8. 油田勘探开发投资与测井技术服务企业的衔接不畅
	SC9. 生产组织管理方面存在缺陷
	SC10. 测井技术服务定额没有及时调整
	SC11. 现场施工作业环境恶劣

3.4 测井技术服务情景约束量表的验证

3.4.1 测试过程及对象

员工情景约束体现了个体的感知，所以量表的验证以测井技术服务员工作为测试对象。量表的预测试采用纸质问卷，当场发放并收回，测试内容为测井技术服务员工情景约束的初始量表及人口统计学信息，具体内容见附录 2。目前国内从事测井技术服务企业主要有四个，隶属于中国石油、中国石化、中国海洋石油和延长石油。其中，中国石油测井公司、中国石化经纬公司（从事测、录、定）员工人数相当，远大于中国海油测井和延长石油测井[171,172]。在国内，中国石油测井公司覆盖长庆、大庆、西南、塔里木等 16 个油气田，中国石化经纬公司覆盖国内胜利、中原、江汉等5个油气田，中国海洋石油测井以渤海湾等海上油田服务，延长油田测井在鄂尔多斯盆地服务。因此，作者选取了世界500强位列第五，在国内覆盖范围较大的中国石油所属的中油测井公司位于四川盆地和鄂尔多斯盆地的测井技术服务单位开展调研，他们的测井装备（CPlog）包括裸眼井（水平井）、生产测井等系列，能代表国际先进技术水平。为了保证样本的多样性，研究涵盖了不同地区的测井技术服务员工。四川盆地井况复杂，鄂尔多斯盆地井型较多、井深适中。上述两个区域能够较好地体现出国内测井作业中主要的地质条件、工作环境和油气资源开发程度特点，样本能够反映国内测井技术服务员工的整体情况，结论具有普适性，可供同类企业参考和应用。

尽管研究者将多家测井技术服务企业作为样本抽取的来源，但是组织中还包含着许多并不直接参与测井作业的科研岗位和管理岗位员工。为确保员工情景约束能够准确体现测井作业队的工作挑战及特点，采用判断抽样的方式筛选参与员工情景约束量表预测试和正式测试的受访者。判断抽样有助于初步筛选出符合样本要求的员工，使得样本中包含测井作业队中不同工种的员工，例如操作工程师、司机、井口工、质量监督员等。

量表正式测试则走访了隆昌、重庆和西安等地的不同测井技术服务企业，依然采用现场发放并收回的纸质问卷调查方式。员工情景约束正式测试问卷包括：测井技术服务员工情景约束量表（预试分析后剩余的九个题项）及人口统计学信息，具体内容见附录3。鉴于测井技术服务员工情景约束量表的预测试和正式测试均采用纸质问卷，尽管回收速度比网络问卷快，但无法确保问卷填写完整，个别问卷有许多题项未经填涂，这些问卷均予以删除。

情景约束量表预测试共发放问卷240份，收回问卷210份，有效问卷 201 份，问卷有效率为 83.75%。样本分布情况如下：其中女性 52.2%；年龄在 25 岁及以下，26～35 岁、36～45 岁、46～55 岁、56 岁及以上各占 0.5%、27.4%、34.8%、31.8%、5.5%；具有高中及以下、大专、本科、硕士及以上学历者各占 6.5%、14.9%、61.2%、17.4%；在本单位的工作年限：10 年及以下、11～20 年、21 年及以上各占 50.7%、21.9%、27.4%。

情景约束的正式测试收回电子问卷 241 份，其中有效问卷 219 份，问卷有效率为 90.87%。样本分布情况如下：其中女性 51.6%；年龄在 25 岁及以下，26～35 岁、36～45 岁、46～55 岁、56 岁及以上各占 0.5%、28.3%、34.7%、31.5%、5.0%；学历为高中及以下、大专、本科、硕士及以上者各占 7.8%、16.0%、58.4%、17.8%；在本单位的工作 10 年及以下、11～20 年、21 年及以上的员工各占样本的 49.3%、23.3%、27.4%。

3.4.2 项目分析

为了确保量表中的题项之间具备区分性，需要对量表做项目分析。一方面，采用题项总分相关法，题项与量表总分的相关性高，说明两者可能具有同质性。在 SPSS 中，校正项目总分相关系数代表了每一个题项与其他题项的总分之间的相关系数。通过观察，量表中所有题项的相关性大于 0.4，说明所有题项蕴含的构念同质。

另一方面，检查删除某一题项后的内部一致性系数，如果删除该题项使得量表的内部一致性系数有所增加，说明这一题项降低了整个量表的内部一致性，应该删除；如果删除该题项并未改善量表的内部一致性系数，则可以保留该题项。根据这一标准，所有题项满足条件。综合以上，经过项目分析，11 个题项均保留，见表 3-5。

表 3-5 项目分析结果

题项编号	校正题项与总分相关	删除题项后的 α 值	备注
SC1	0.660	0.926	保留
SC2	0.802	0.918	保留
SC3	0.728	0.922	保留
SC4	0.782	0.920	保留
SC5	0.719	0.923	保留
SC6	0.789	0.919	保留
SC7	0.764	0.920	保留
SC8	0.803	0.918	保留
SC9	0.739	0.921	保留
SC10	0.785	0.919	保留
SC11	0.823	0.917	保留

注：a 值为 cronbach's alpha 信度系数。

3.4.3 探索性因子分析

对预试回收的测井技术服务员工样本数据（N=201）进行探索性因子分析。首先，数据的 Bartlett 球形检验展现出，样本的 KMO 值为 0.911，说明样本适合做因子分析。随即对问卷的 11 个题项进行一阶因子分析。最终，根据分析结果中的因子载荷的大小对题项进行删除。

根据 Whitley 和 Kite 就探索性因素分析结果的梳理准则，题项应当在对应因子上的载荷大于 0.5，同时在其他维度上的载荷应当小于 0.5，维度间的载荷差大于 0.2[167]，员工情景约束量表大部分题项的因子载荷符合以上条件。然而，题项一和题项五所在维度与其他维度载荷差小于 0.2，因此删除第一和第五题项。最后，剩余九个题项作为员工情景约束量表正式测试问卷中使用的测量题项，保留题项见表 3-6。

表 3-6　因子结构及各题项的因子载荷

题项/因子	因子载荷 1	因子载荷 2	备注
SC1. 受油田勘探开发生产施工规程和流程的限制	0.639	0.630	删除
SC2. 测井技术服务关键岗位人员短缺	0.801	−0.105	
SC3. 上下级沟通存在障碍	0.723	−0.295	
SC4. 测井技术服务装备配件、消耗材料供应不及时	0.779	−0.282	
SC5. 作业过程中遇阻、遇卡的事件时有发生	0.704	0.592	删除
SC6. 不同地域对危化品的管控要求不一致	0.793	0.284	
SC7. 员工技能水平不具备综合施工服务能力	0.767	−0.261	
SC8. 油田勘探开发投资与测井技术服务企业的衔接不畅	0.811	0.027	
SC9. 生产组织管理方面存在缺陷	0.749	−0.205	
SC10. 测井技术服务定额没有及时调整	0.795	−0.178	
SC11. 现场施工作业环境恶劣	0.833	−0.066	
解释变异量（累计68.977%）	58.508	10.469	
内部一致性信度	0.92		

3.4.4　信度分析

接下来对量表的信度进行检验。因子信度在 0.70 以上说明内部一致性较好。测井技术服务员工情景约束量表的信度分析结果见表 3-6。在删除题项一和五后，剩余九个题项均在同一因子上，内部一致性信度为 0.92，量表信度较好。

3.4.5　验证性因子分析

依据以上分析结果，对保留的九个题项重新编码，用于量表的正式测试。将正式测试回收的有效样本（N=219）进行验证性因子分析，检验情景约束的一维结构的合理性。经过调试，模型的拟合情况见表 3-7。

表 3-7 验证性因子分析的拟合指数（N=219）

模型	x^2/df	RMR	RMSEA	GFI	AGFI	PGFI	NFI	CFI
测井技术服务员工情景约束	1.807	0.035	0.061	0.960	0.921	0.490	0.967	0.985

结果表明，情景约束的单因子模型的各项拟合指数都可以接受。模型对拟合指数为 1.807，小于 3，均方根残差（RMR）为 0.035，近似误差均方根（RMSEA）为 0.061，可以接受。拟合优度指数（GFI）为 0.96，调整的拟合优度指数（AGFI）为 0.921，达到 0.90，指数较好。规范拟合指数（NFI）为 0.967，比较拟合指数（CFI）为 0.985，均大于 0.90。最后，简约拟合优度指数（PGFI）为 0.490，接近 0.50。综上，各模型拟合指标均在可以接受，模型拟合效果较好。

测井技术服务员工情景约束的验证性因子分析所得的因子载荷，如图 3-1 所示，所有题项在相应潜变量上的标准化载荷系数均大于 0.5，符合因子要求，模型具有较好的聚合效度。

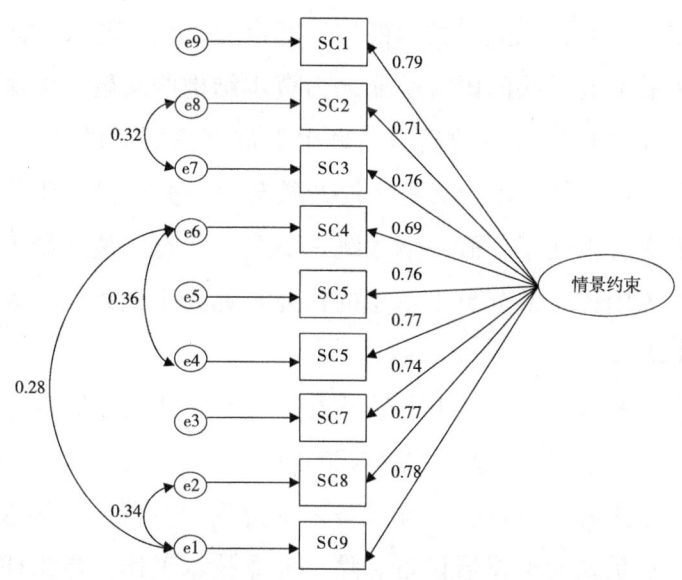

图 3-1 测井技术服务员工情景约束的验证性因子模型
注：e 为误差值。

本章针对测井技术服务员工编制的量表，突出了国有特大型企业中的人员结构性短缺问题，即冗员现象频繁并且高层次人才不足。一方面，冗员反映了实际员工人数与期望员工人数之间的差距[168]。目前，员工数量超过了实际工作所需，导致部分员工没有充分的工作内容和职责。在员工访谈中，受访者提及不同年龄段的员工群体对工作的影响。例如，近年来公司招聘人数持续下降，而现有员工逐渐老龄化，使得完成工作在技术和体力方面面临更多困难。驾驶岗的员工提到，随着年龄增长，工作时长、连续驾驶里程与身体状况等方面都无法用以往的标准进行衡量。一位项目部受访者提到，井上施工常常需要一天连续作业十小时以上，甚至有时候需要两个小组进行倒班，形成24小时的连续作业。在这种高强度工作要求下，对年龄较高的员工进行任务设计时必须格外谨慎。

另一方面，量表还反映了我国油田工程技术服务企业高层次人才匮乏的问题。有受访者指出，单位近十年都未雇佣过技术人才，这可能在不远的将来造成技术断层。冗余雇员似乎与人才匮乏相矛盾，但从根本上反映的国有企业人力资本结构的问题。无法精简雇员使得企业很难在有限的招聘名额中引进真正所需的高技能人才。从访谈中可以得知，不合理的招聘政策导致测井队员工工作不积极主动，很多员工处于"戳一下才跳一下"的状态。最终结果是岗位重叠和资源闲置，部分员工承担的作业量远高于他人，任务分配比例严重失调。

从访谈中提取了"油田勘探开发投资与测井技术服务企业的衔接不畅"的概念范畴。这一主题与测井技术服务员工的工作业务相互呼应。作业区需要大量物资和设备来支持生产运营，例如管道、阀门、泵和一系列大型仪器设备。除了专业技术工作，员工往往需要与外部供应商和供应链合作，确保及时获得所需的物资和设备，以保证工作的顺利进行。此外，石油行业的物资运输和作业通常遵循严格的安全标准。作业区的员工还需与甲方或外部安全监管机构进行合作与沟通，以确保工作符合法规和标准。然而，访谈中，员工们反映施工方与建设方缺乏有效的沟通与合作，施工现场常常出现责任和决策权不明的情况。很多员工表示，既无法从单位上级获得及时支持，又在施工现场无法得到建设方的信任，这种团队之间的不协调会严重影响作业进度。

与通用于组织和职业的员工情景约束量表相比，本章编制的量表提炼出了测井技术服务工作环境的特殊。例如，一位项目部负责开绞车的员工谈论起自己的工作环境时表示，"基本上除了上厕所，是不会离开这个岗位。一天 10 到 20 多个小时以上就一个人坐在绞车里面，很闷很烦"。除此之外，一位页岩气项目部的员工解释了工作中会干扰项目进度的自然条件，例如暴雨或滑坡。一位现场负责设备安全的员工提到，"像高温这种情况，没法调整工作时间，只能尽量缩短大家在野外干活时的暴露时间，另外就是多准备些防暑降温的饮料和药品。前阵子平台因为高温中暑的情况比较多，工作量又大，确实影响了任务的完成质量"。以上访谈内容均反映出测井技术服务员工常常需要在恶劣的工作环境中施工，这些环境因素可能对员工的身体和精神状况造成负担，限制他们在工作中发挥最佳水平。员工可能需要付出额外的精力应对不适和疲劳，影响他们的专注度和工作表现。

3.5　本章小结

为了后续研究的开展，本章编制了测井技术服务员工情景约束量表。对 50 名测井技术服务员工进行了半结构化访谈，提取了员工对情景约束的理解和定义。在 Spector 和 Jex 员工情景约束量表的基础上，结合半结构化访谈的文本数据，归纳出了测井技术服务员工情景约束量表的初始题项。最后，利用统计学工具对预测试和正式调研中回收的样本进行数据分析。编制的测井技术服务员工情景约束量表由九个题项构成。与现有文献中的量表相比，该量表删除了与测井小队作业活动不符的描述，突出了员工工作与职业环境和资源之间的不匹配。这一量表可以用于后续以测井技术服务员工为样本的研究与实践，系统梳理出队伍管理方面存在的问题。

  本章严格遵循量表开发的判断准则，并对量表的信度和效度进行了验证，得到有效、可靠的测井技术服务员工情景约束量表。其中的"关键岗位人员短缺"和"测井技术服务定额没有及时调整"等题项，说明企业在测井技术服务关键岗位人才引进、培养与使用等方面还存在问题，揭示了由于测井技术装备与油田地质井况复杂多变而产生的矛盾。此外，员工的成长通道也不够明晰，不少职称高的专家"行政化"和"老龄化"，挤占了青年人才的成长空间。这在测井技术服务行业中造成了人才质量不足和人才结构亟须优化等问题。

第4章 测井技术服务员工情景约束形成机理研究

本章探索测井技术服务员工情景约束的形成要素及其相互作用,在理论和管理实践的基础上,提出研究假设。根据统计分析结果,验证测井技术服务员工情景约束与其前因之间的关系。通过研究和数据分析,明确员工情景约束的形成路径及边界条件,拓展员工情景约束形成的理论基础,为认识油田工程技术服务的管理系统性缺陷提供依据。

4.1 研究问题

基于第3章修订的测井技术服务员工情景约束量表,员工由于现场作业环境、生产施工规程等因素而感到无法充分发挥能力。然而,员工情景约束的前因以及理论研究匮乏,并且这种约束感知在测井技术服务行业中产生的内在机理也不明确,这不利于管理者建立有效的激励机制或解决沟通不畅、资源分配等问题。

在本章关于测井技术服务员工情景约束形成机理的研究模型构建中,工作要求和工作资源作为状态因素,相辅相成决定着员工的工作情景。工作要求包括任务性质、工作量和复杂性等,员工的应对方式和表现将受到这些要求的影响。工作资源则包括时间、信息、设备和技能等，其可及性和质量也会直接影响员工的工作。工作要求和工作资源展现了员工工作情景的特征，具备个性化和多样化特点[152]，还可以引发员工在不同状态下的认知和行为变化。

此外，家长式领导风格是测井技术服务员工在工作中体验到的制度实施方式，是不同情境下情景约束多样化模型的基础。领导风格在工作环境中是决定员工行为的重要因素[169]，仁慈领导、德行领导和威权领导通过塑造和规范组织内部关系与权力结构，进而影响员工的行为，他们代表着组织中的规范和共有行为模式。家长式领导较为典型地展现了我国测井技术服务企业内部的权力分配和关系，是组织顶层设计的关键一环。家长式领导者的行为和决策方式将直接影响员工的工作态度、团队合作和组织文化的形成，对整个组织的运作方式产生深远影响。

本章将理清工作要求、工作资源和家长式领导等形成要素对员工情景约束的影响；此外，将以家长式领导为基础，探索其与工作要求 - 资源交互作用下形成情景约束的内在机理。总之，测井技术服务员工情景约束形成机理将主要从以下四个方面进行探讨：一是工作要求、工作资源和家长式领导分别对员工情景约束的直接影响；二是工作要求在家长式领导与员工情景约束之间的调节效应；三是工作资源在家长式领导与员工情景约束之间的调节效应；四是工作要求与工作资源联合对家长式领导与员工情景约束之间的调节效应。通过以上研究过程，深入揭示测井技术服务员工情景约束的形成要素以及其相互作用。

4.2 测井技术服务员工情景约束的形成要素分析

4.2.1 工作状态因素：工作要求 – 资源

工作要求和工作资源涉及测井技术服务员工具体的工作内容和环境条件，包括工作任务的复杂程度、工作压力的大小以及提供给员工的信息资源。这些状态因素会直接影响员工的行为和表现，并且可以组合成不同的情景，从而影响家长式领导与测井技术服务员工情景约束之间的关系。一方面，测井技术服务的各类工程项目对员工形成了复杂的工作要求。例如，项目部或者作业区的固定工作人员按月度轮换倒班，或根据项目的具体生产需求进行安排。虽然 24 小时轮班可以提高人员和资源的利用效率，但长期的倒班制度对员工的生理健康和工作效率普遍造成了一定负担[118]。此外，我国国有企业人才队伍所面临的结构性矛盾在测井技术服务行业中也较为突出。人才缺口和冗余现象同时存在：通用型人才富余，而专业技术人才，尤其是能够直接参与工程现场的技术人员则十分紧缺[170]。这种状况可能导致测井队伍在工程项目执行方面遇到困难。在生产过程中，员工紧缺会增加作业队伍的生产压力，并带来了生产断层、中止、停滞不前和延期等风险。同时，油气勘探开发中资源品质的恶劣化以及非常规油气的快速发展，对员工的测井技术和信息采集准确程度均提出了更高要求[171]。

受上述工作要求的影响，测井技术服务员工处于竞争激烈的工作环境中。专业技术人才的短缺意味着少数员工需要承担更多的工作职责和挑战，而缺乏充足的时间和资源来完成这些任务可能会限制他们发挥最佳工作绩效。同时，冗余雇员的存在可能导致工作效率的降低，测井技术服务员工需要花费更多的时间和精力来填补冗余雇员的职责，这可能会分散他们的工作重心，影响他们专注于核心业务并发挥最佳工作绩效。因此，工作要求可能会导致员工难以将自己的能力和努力转化为高水平工作绩效。

另一方面，为了应对工作要求，员工还需要不断寻求、补充和调配工作资源。例如，石油行业是资本密集型行业，需要大量投资来勘探、钻探和生产石油。因此，公司可能会优先考虑在设备、技术和基础设施方面的投入，而非员工层面所需的资源。此外，勘探开发业务往往位于偏远或恶劣的地理环境中，这些环境条件不仅增加了作业难度，还可能在员工的住宿、交通、生活和社交等方面造成困难，导致工作资源匮乏。另外，作为一个高危行业，测井技术服务行业受到严格的安全监管。我国测井技术服务企业不断强调健全风险防范和化解机制，坚持从源头上防范化解重大安全风险。这意味着组织可能会将资源和日常管理的重心放在设备安全和培训方面，进而导致可用于员工在其他领域的资源减少。

工作资源能够削弱工作要求及其附带的心理和生理成本，协助员工实现工作目标，并鼓励其学习和发展。例如，研究发现，工作资源可以显著降低员工流动率[131]。在这种情况下，员工离职意向降低表明员工对现有工作满意度以及投入程度都较高，更有可能在工作中表现出色[131]。因此，工作资源往往能够为员工带来工作意义感和积极的工作状态[172]。这些工作态度使得员工在工作中全神贯注并充满热情，有助于提高他们的创造力和解决问题的能力。

由此，当员工拥有完成工作所需的工具、信息和支持时，他们更有可能在工作中感到满足。这样的员工更有动力去发挥自身的能力和潜力，全神贯注地投入工作，将精力集中在解决问题之上。充足的工作资源有助于员工将自身的能力和动机转化为最佳绩效，缓解员工的约束感知。

4.2.2 制度实施方式：家长式领导

家长式领导涉及上级对下属的指导、监督和关怀，代表着一种上层的权威和权力。这种领导方式直接影响组织内部的权力分配、决策流程和沟通渠道，从而构成了一种固定的管理结构，因此在本章的形成机理中被视为不同工作情景中共有的制度实施方式。领导力可以通过影响工作环境以及上下级之间的信任和沟通水平，对员工的工作控制产生重大影响。例如，将责任和决策权下放给员工的领导者可以增加员工的工作控制和自主权，并在工作中培养员工的责任感和主人翁感。相反，如果领导者对员工事无巨细地进行管理或表现出不信任，则会损害员工的工作控制，引发负面情绪和工作脱离感[173]。重视员工授权和信任的领导者可以创造一种支持工作控制的工作文化，因此，领导风格是体现员工工作控制的一个重要指标，在工作压力形成的过程中扮演着关键角色。

为了保障能源供应的稳定，油田工程技术服务企业的管理模式以强化指挥结构和执行能力为主。这种能够快速调配资源的领导风格有助于应对石油勘探和开采面临的复杂环境和技术挑战。因此本书选用了在油田工程技术服务企业中普遍存在、拥有高决策水平和执行能力的家长式领导。大多数油田工程技术服务企业是由中央直接管理的国有特大型央企，这种国家或省政府授权投资和控股的机构需要在上层的统一领导下制定和执行计划。家长式领导既可以生成凝聚力，又能保持组织中原有的等级结构，这对于我国大型组织的有效运作至关重要，也是国家发展石油和天然气行业、促进国企经济增长的重要战略。总之，家长式领导是我国油田工程技术服务企业一种便捷可靠的领导手段，有助于政府指导和监督企业的运营。

除了管理需要，家长式领导在我国也具有文化根基。它源于我国传统的儒家哲学[174]，是集体主义和高权力距离文化中的一种流行哲学，强调了基于德行、善良和尊重权威的自上而下的等级体系的重要性[175]。在组织情境中，儒家哲学将领导者塑造为真正关心员工幸福感的父亲或亲密朋友，而员工通过欣赏和服从领导者作为回报。家长式领导主要包含三种重要的领导风格：仁慈型领导、德行型领导和威权型领导。一方面，家长式领导者强制执行纪律，要求员工对决策者的服从。另一方面，他们也是仁慈和德行的人，关心员工的幸福感，体现了管理者个人的美德和无私精神。

在仁慈和德行领导下，当员工认为领导者具备无私和奉献精神时，他们更有可能在工作中展现出对上级的忠诚和信任[176]。这可以激发员工的动力和热情，使他们更加自信地解决工作中面临的难题，削弱员工的情景约束。此外，威权领导利用其在组织中较高的等级地位来维护统治地位[177]。通过强调规章制度和纪律要求，威权领导能够更好地监督团队成员按时履行职责，但这种对员工的绝对控制可能会形成一定阻碍，引发员工的约束感知。本章选用家长式领导作为测井技术服务员工情景约束的形成要素，并且揭示不同领导风格水平下，工作要求和资源如何波动作用于员工约束感知的路径和机理。

4.3 研究假设

4.3.1 工作要求的直接作用影响分析

工作要求是员工面临的最常见和最持久的压力源。长期高水平的工作要求，例如频繁的新任务或者有污染源的工作环境，不仅会对员工的幸福感产生负面影响,还可能降低工作绩效,并导致员工产生离开组织的意愿[178]。高强度工作要求使得员工需要付出额外的生理和心理努力[131]。因此,结合测井技术服务员工的工作特点以及现有工作要求的相关文献,本章选择了工作超负荷、情绪要求、体力要求和工作-家庭冲突作为工作要求,探索这些工作要求是否会对员工发挥绩效最佳水平形成阻碍,形成员工情景约束。

近年来,测井技术服务的对象逐渐发生变化,我国油气勘探正在由国内向海外、从陆上转向海域、由常规向非常规、由构造地层向岩性地层以及由中浅层向深层和超深层发展。这些转变要求测井技术服务员工适应海洋勘探环境以及更高的地层压力、温度和复杂的地质条件。同时,员工还需要具备海上作业经验和相应的技术能力,复杂的海域地质条件和水下作业的特殊性要求他们进行额外的培训和技能提升,以确保能够有效应对海域勘探和测井任务。这些工作要求意味着员工需要学习和掌握各种复杂技术,还需要在艰苦的工作条件下保持甚至提升工作效率和专业技术水平。Taylor 等人指出,与没有超负荷工作的员工相比,长期工作时间过长和工作量过大的员工感知到的压力更大,更容易出现健康问题[179]。

鉴于测井技术服务行业的工作性质,员工面临的体力要求较为突出,包括长时间站立或坐着、工作和休息时间不规律、暴露在极端天气条件下,以及在高处作业或操作重型机械等。由于石油的开采地点,很多技术服务员工通常在偏远地区工作,这使得他们远离或缺乏必要的医疗设施等资源,对员工身体能力和体力水平的要求很高。此外,许多日常测井工作中使用的设备和工具需要大量体力来操作和维护,使得员工需要花费大量精力和体力才能安全有效地履行职责。

员工在家庭和工作这两个领域的角色期望往往并不兼容。当用于工作角色的时间干扰了员工履行家庭相关责任时,或者当工作时间过长影响员工履行家庭责任时,就会发生工作和家庭在时间上的冲突。由于工作时间长且不规律、轮班工作以及工作量大等多种因素,许多员工很难平衡工作与个人生活。已婚员工的倦怠程度显著高于未婚员工,而需要倒班的员工所体验的工作-家庭冲突显著高于无须倒班的员工[180]。这种焦虑的状态可能导致员工难以集中精力解决问题,干扰其发挥自身最佳潜在绩效。

综上,工作要求对测井技术服务员工来说形成了一种负担,增加工作任务的复杂性和难度可以阻碍员工保持高动机,并发挥高水平绩效。张登浩等发现工作要求与员工心理以及情绪状态存在负相关关系,并指出压力环境中的员工可能会感到疲惫、悲观和效率低下[181]。在油田工程技术服务企业中,员工的职业倦怠会严重影响其睡眠质量,进而导致工作能力的显著下降[182]。这些实证研究结论说明,经历高强度工作要求的员工可能会相信分配给他们的任务很难或不可能完成,进而引发一种无力感,而员工无法有效安排工作的处境增加了他们的约束感知。基于此,本章提出以下假设:

H1:工作要求与测井技术服务员工情景约束呈正相关。

4.3.2 工作资源的直接作用影响分析

相较于工作要求,工作资源可以激发员工的组织承诺和工作敬业度[183]。员工从工作中获得成就感后,往往会更加专注于自己的工作[63]。本章选取了工作自主性、社会支持和绩效反馈作为工作资源。

工作自主性能够让员工感受到对工作环境的控制,例如测井技术服务员工可以根据自身需求合理安排休息时间,这在体力要求高和压力大的工作环境中至关重要。此外,工作自主性使员工能够快速做出决策,避免在复杂的地质条件和设备故障等情况下受到冗余行政规则和程序的拖累[184]，有助于减少员工情景约束。另外，工具性社会支持在油田工程技术服务企业中极具价值，因为学者们证实了社会支持与员工安全绩效的关系。林新奇等人的研究表明，社会支持是安全遵守行为的重要影响因素，来自同事的支持增加了员工采取行动改善工作场所安全的可能性[185]。

此外，绩效反馈有助于提高个人和组织的效率[186]，有助于员工及时识别作业风险。通过及时解决这些风险，企业可以降低事故和意外伤害的发生率。长期和持续的绩效反馈对员工的绩效提升效果最为明显，在员工的行为安全干预中有重要意义[187]。由此，绩效反馈不仅提供了识别和解决问题的机会，还能降低事故风险，帮助员工识别并解决限制其发挥最佳绩效的约束感知。

总之，工作资源可以激发员工的敬业度和工作承诺，同时也有助于促进目标实现并满足员工对自主、关系和能力的基本动机需求[188]。同时，工作资源可以提升员工的自我效能感[189]。因此，为员工提供必要的工具、设备和资源可以提高他们的工作效率，减少完成任务所需的时间。这些资源为测井技术服务员工提供了学习机会，使他们在面临工作困境时能够通过不同的解决策略来降低约束感知。

Warr 提出的维他命模型可以为本章工作资源和员工情景约束之间的非线性关系假设提供理论支持。在维他命模型中，维他命的摄入对个体健康有积极作用；然而超过一定水平后，进一步摄入可能会导致健康状况下降，因而使得维他命的摄入与健康状况之间存在倒 U 形的关系[190]。在本章中亦是如此，在一定水平内，工作资源能够帮助削弱测井技术服务员工情景约束，但持续增加工作资源可能会对员工情景约束产生反作用。因此，本章提出，具备充足工作资源的测井技术服务员工能够更好地在工作中保持动力，能够在困难和阻碍下高效完成工作，且对绩效受到限制的感知较低；然而，超过一定范围后，工作资源的增加反而会导致员工情景约束的上升。

H2：工作资源与测井技术服务员工情景约束之间的关系呈 U 形。

4.3.3 家长式领导的直接作用影响分析

Westwood 将家长式领导定义为一种像父亲般的领导风格，将领导的权威与关心体贴相结合[191]。家长式领导并不意味着"独裁主义"，而是为其下属提供支持、保护和关怀，同时激励下属通过顺从上级指示来回报领导[176]。在家长式领导中，仁慈领导指上级对下属个人幸福感的关注；德行领导指领导者表现出卓越的道德行为；威权领导指领导者维护自身权威和控制下属的行为。家长式领导可以激发员工对领导者的信任以及下属承诺[192]，还可以正向影响下属对领导的感恩和回报[193]。这种信任表明员工和领导者之间存在积极的交流关系，可能引导员工以更高水平的绩效表现投入工作、回报上级。

仁慈领导通过施恩行为体现，主要是上级提供个性化的关怀、理解与宽恕等方式。而德行领导则包括一系列树立榜样的行为，例如上级的正直、认真履行职责，或始终不谋取私利、不占他人便宜，这使其成为一种无私的模范。这种道德领导能够引导员工因责任感、忠诚度或道德义务而留在组织中。威权领导则涉及各种立威行为，例如强力压制、权威控制和意图隐瞒。威权领导通过个人权威和控制手段影响下属的行为[191]。

仁慈领导关心下属的职业及个人幸福感，能够与下属建立高水平的情感信任；德行领导则能够为员工树立榜样。根据社会交换理论，上级的关心和指导可以换取员工的积极回报[194]。仁慈领导和德行领导有助于换取员工的的信任、服从和忠诚。这种积极的社会交换关系使得员工在工作中更容易获得支持、消除工作障碍，从而降低员工的约束感知。与之相反，威权领导强调控制和服从，当威权领导强行将权威和压力施加于员工时，消极的社会交换关系可能会导致员工对工作的抵触态度。学者们已经证实，在威权领导下，严格的纪律和惩罚可能会对员工形成压迫，不仅会产生恐惧和愤怒等负面情绪，甚至导致反生产工作行为[195]。由此，威权领导可能会限制员工自主性，阻碍他们在工作中展示自己能力和创造性的机会，引发员工情景约束。因此，提出以下假设：

H3：仁慈领导与测井技术服务员工情景约束之间的关系呈负相关。

H4：德行领导与测井技术服务员工情景约束之间的关系呈负相关。

H5：威权领导与测井技术服务员工情景约束之间的关系呈正相关。

4.3.4　工作要求–资源和家长式领导的相互作用

本章不仅关注每个形成要素如何分别影响测井技术服务员工情景约束，还探索这些形成要素如何共同作用于测井技术服务员工，从而产生约束感知。以创新行为为例，其产生机理不仅包括各影响因素分别与创新行为之间的独立关系，还涉及个体、领导、工作团队和创新氛围等因素的相互作用，这些因素能够直接或间接地影响创新行为[196]。在研究知识产权治理行为形成机理时，谷丽等人通过展示行为信念、结果期望和规范信念等多个影响因素的"联合行动"，以解释知识产权治理行为的形成[197]。

Fernet 等人指出，领导行为通过同时影响工作资源和工作要求在组织中发挥作用[198]。上级的指导或支持为员工提供了必要的资源，但他们还同时还肩负着解决和协调组织问题的职能。在这个协调的过程中，必然涉及制订组织战略、雇佣政策并解决冲突，因此领导者需要平衡下属的工作要求和工作资源之间的关系，以帮助员工保持健康、积极和高效的工作状态。由于有效的领导能够根据所处的工作情景预测未来事件并规划应对不确定性与风险的策略[199]，本章将家长式领导三维度作为自变量、工作要求和工作资源作为调节变量形成不同的工作情景，探索影响要素之间相互作用对测井技术服务员工情景约束的影响。

（1）工作要求的调节

工作要求本质上并非消极，但满足这些工作要求需要员工付出巨大的努力，尤其是在感知到现有的资源不足以应对这些要求的情况下，这可能导致员工精疲力尽[200]。因此，除了工作要求对测井技术服务员工情景约束的直接影响以外，本章推测工作要求会与家长式领导相互作用并影响员工情景约束。

出于对员工家长式的关心和保护，仁慈领导和德行领导可能会将更多的工作资源分配给面临高工作要求的员工，如提供情感和工具性支持、对员工家庭的关怀、保障员工的正常休假，以及在工作中提供帮助和指导。这些资源的分配有助于缓解测井技术服务员工情景约束。然而，当工作要求过于繁杂时，领导者的支持可能有限，难以提供员工应对这些要求所需的全部资源，从而削弱仁慈领导和德行领导对员工情景约束的负向作用有所削弱。值得注意的是，在施工现场繁杂的工作要求下，测井技术服务员工通常需要灵活应对各种情况并做出决策，而威权领导的控制性风格可能会极大限制员工的决策能力，减少了他们解决问题和应对挑战的机会。正如在第 3 章针对测井技术服务员工的访谈中所述，员工们表示他们常常被夹在上级与项目乙方之间，无法获得任何决策权。威权领导单向向员工发出指令，忽视了员工的需求和潜在困难，实际中为员工发挥能力增添了诸多障碍。因此，本章推测，在低工作要求下，仁慈领导和德行领导对员工情景约束的削弱作用将更为显著，而在高工作要求下，威权领导对员工情景约束的正向作用则更显著。

H6a：工作要求负向调节仁慈领导与测井技术服务员工情景约束之间的负向关系，即仁慈领导对员工情景约束的负向影响在工作要求低时更为显著。

H6b：工作要求负向调节德行领导与测井技术服务员工情景约束之间的负向关系，即德行领导对员工情景约束的负向影响在工作要求低时更为显著。

H6c：工作要求正向调节威权领导与测井技术服务员工情景约束之间的正向关系，即威权领导对员工情景约束的正向影响在工作要求高时更为显著。

（2）工作资源的调节

在我国国有企业中，资源的调动和安排必须经过高层集体协商，这导致领导者的资源配置效率降低[201]。当测井技术服务员工能够从领导者之外的渠道中获得职业发展、技能培训等资源时，他们的工作资源会得到扩充，从而有更多的途径从容地处理工作问题。例如，具有高度社会支持的员工更能在家长式领导的环境下，能够更有效地调配资源，利用人脉关系提升自身能力，从而减少自身的约束感知。工作资源为员工提供了额外的可用资源，拓宽了解决问题的思路，确保他们能够有效履行工作职责。充足的资源不仅为员工提供必要的工具和条件，还可以提高他们应对工作中障碍的动机和意愿[202]。这有助于测井技术服务员工在威权领导的控制下，通过新思路克服难关，降低他们的约束感知。

相对而言，尽管仁慈领导和德行领导可以为员工提供个性化的指导以帮助他们克服工作中的障碍，但如果员工无法从更广泛的渠道获取工作资源时，他们将面临极大的困难和挑战，这会降低仁慈领导和德行领导对员工情景约束的负向作用。对于威权领导而言，缺乏工作资源可能会加剧员工在绝对控制下的不满和焦虑，不仅导致完成工作任务的障碍增加，同时限制员工在工作中应对障碍和挑战的能力。

H6d：工作资源正向调节仁慈领导与测井技术服务员工情景约束之间的负向关系，即仁慈领导对员工情景约束的负向影响在工作资源高时更为显著。

H6e：工作资源正向调节德行领导与测井技术服务员工情景约束之间的负向关系，即德行领导对员工情景约束的负向影响在工作资源高时更为显著。

H6f：工作资源负向调节威权领导与测井技术服务员工情景约束之间的正向关系，即威权领导对员工情景约束的正向影响在工作资源低时更为显著。

（3）家长式领导、工作要求和工作资源的交互作用

综上所述，工作要求和资源的不同组合可以产生截然不同的影响。领导风格与工作要求和工作资源有所不同，但三者相互依存，并在工作情景中相互作用，形成员工情景约束。在 Hu 等人的研究中，高工作要求与低工作资源组合下，员工的倦怠程度高于工作要求和工作资源的其他组合情景[203]。与之类似，Edwards 和 Cooper 也讨论了工作要求和工作资源的交互效应。他们认为，高工作要求和低工作资源的组合会导致个体经历高水平压力，而工作要求与资源同样高或同样低则不会导致压力显著提升[204]。与之类似，Bakker 和 Demerouti 指出，高工作要求－低工作资源情景导致员工的高压力和低动力，而低工作要求－高工作资源情景导致员工的低压力和高动

力[131]。由此，工作要求和资源的相互作用可以影响家长式领导与员工压力感知之间的关系。

当测井技术服务员工意识到自身能力不足以应对工作要求时，他们很可能迫切需要领导者提供指示和资源。在高工作要求与低工作资源的组合下，员工极可能会身心疲惫，此时仁慈和德行领导所提供的正向激励有助于避免员工形成高水平情景约束，而威权领导施加的权威可能会加剧员工情景约束。相反的，当工作资源足以应对工作要求时，员工能更专注于实现团队目标，也能更好地管理时间，设定事物的优先级别。这种专注且高效的工作状态为员工提供了更多的时间和机会来与家长式领导建立高质量的交流。因此，在低工作要求与高工作资源的组合下，仁慈领导和德行领导对员工情景约束的抑制作用显著，甚至可以削弱威权领导与员工情景约束之间的正向关系。

H6g：仁慈领导、工作要求与工作资源对测井技术服务员工情景约束存在三维交互关系。当工作要求低并且工作资源高时，仁慈领导与员工情景约束的负向关系最强。

H6h：德行领导、工作要求与工作资源对测井技术服务员工情景约束存在三维交互关系。当工作要求低并且工作资源高时，德行领导与员工情景约束的负向关系最强。

H6i：威权领导、工作要求与工作资源对测井技术服务员工情景约束存在三维交互关系。当工作要求高并且工作资源低时，威权领导与员工情景约束的正向关系最强。

综上，家长式领导的三个维度作为制度实施方式，通过影响权力和决策的执行方式，以及提供指导和支持的方式，影响着整个组织的运作模式；而工作要求和工作资源作为工作状态因素，影响着员工在这种结构下的行为和态度。以上要素之间相互作用构成了员工情景约束的形成机理，对测井技术服务员工产生重要影响。在本章中，测井技术服务员工情景约束的形成机理是结构和状态相结合而构成的产物。

基于以上形成要素与测井技术服务员工情景约束之间的作用路径分析，构建本章的研究模型，如图4-1所示。

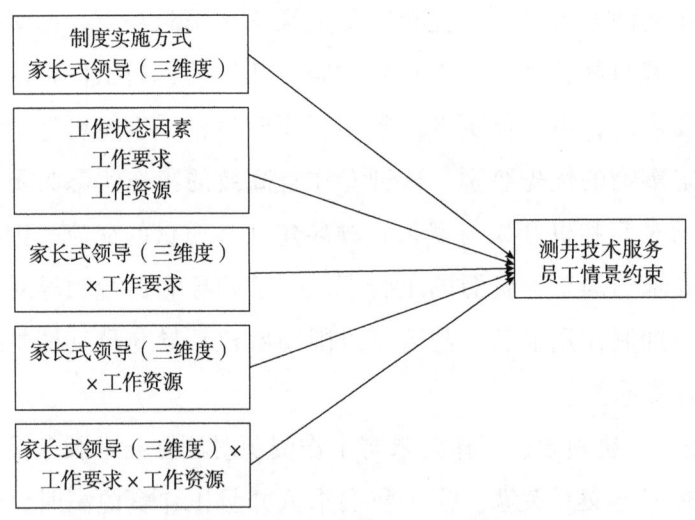

图4-1　测井技术服务员工情景约束形成机理研究模型

4.4　研究变量测量和收据收集

4.4.1　变量测量

理论模型中涉及以下变量：工作要求、工作资源、家长式领导和测井技术服务员工情景约束。所有量表均选自国外顶级期刊，并且在国内外研究中经过验证具有良好信效度的成熟量表。对于原为英文的量表，遵循翻译－回译的方法对量表进行转化，由两名管理学博士生对题项进行翻译，并邀请翻译学的硕士研究生对量表进行回译，对比两个英文版本中的差异，进而确定最终的翻译量表。

(1) 工作要求

结合测井技术服务的工作内容和特点，本章借鉴 Demerouti 和 Euwema 在研究中所选择的工作要求，分别为工作超负荷、情绪要求、体力要求和工作-家庭冲突[205]。工作超负荷用来指员工被给予超出其能力的过度工作的情况，极可能会给员工和组织带来负面影响。油田的勘探开发通常面临严格的工期要求，员工需要在有限的时间内完成大量任务。因此，复杂的作业环境和高强度的施工任务也可能导致员工处于工作超负荷状态。

情绪要求是指在工作环境中产生的心理和情绪压力。它包括需要情绪调节的任务，如与难相处的同事打交道。这些要求会对员工的幸福感和工作满意度产生重大影响，导致情绪疲惫、倦怠和员工离职。测井技术服务员工需要在危机事件或突发情况下保持冷静、理性的态度，因此工作对员工的情绪控制、应变能力和压力管理的能力要求较高。

体力要求是指工作对身体的要求，例如举重物、长时间站立或暴露在极端温度下。测井技术服务员工常需要在恶劣的气候条件下操作设备，同时承受体力上的高负荷，他们需要长时间、重复性地以同一姿势采集并记录数据。工作-家庭冲突指工作要求对家庭生活可能产生的负面影响，测井技术服务员工工作时间不规律，工作周期长，使得协调工作与家庭需求较为困难。同时，其他工作要求，如工作超负荷和时间压力，往往也能导致工作-家庭冲突增加。

工作超负荷有五个题项，从工作量、要求等方面测量；体力要求量表含有七个题项；情绪要求的量表由三个题项构成；工作-家庭冲突量表有三个题项。借助第3章的访谈内容对工作超负荷、情绪要求和体力要求的量表进行了修订，使得题项更加契合员工所熟悉的油气勘探开发工作情景。量表均采用李科特五点量表形式进行计分，1表示从不，2表示偶尔，3表示一般，4表示经常，5表示总是如此。具体题项内容见表4-1。

表4-1 工作要求量表内容

量表名称	维度	题项
工作要求（JD）	工作超负荷（WL）	WL1. 月度须完成5口以上4000米标准井的数据采集
		WL2. 必须取全取准测井资料才能达到工作要求
		WL3. 比起劳动定额中的标准井，实际井况地层非常复杂
		WL4. 作业队员技能水平不同导致我必须承担其他岗位工作
		WL5. 习惯性操作与规范流程之间存在矛盾
	情绪要求（ED）	ED1. 测井技术服务施工现场对我的情绪影响很大
		ED2. 工作中面临情绪激动的情况
		ED3. 在工作中需要与不断抱怨的人打交道
	体力要求（PD）	PD1. 井下仪器检测、安装和搬运经常要消耗大量体力
		PD2. 以"井"为中心的工作需要爬高上低
		PD3. 装备的下井、快速解释数据需要弯曲或扭动身体
		PD4. 在工作中需要逐段、重复测量
		PD5. 测井段每段的数据变化采集需要重复动作
		PD6. 经常需要长时间以相同的坐姿或站姿工作
		PD7. 测井技术服务施工现场处于震动的钻井平台
	工作-家庭冲突（WFC）	WFC1. 我的工作影响了我正常的家庭生活
		WFC2. 工作需要我投入大量的时间，让我很难尽到家庭的责任
		WFC3. 由于工作职责所在，我不得不改变我的家庭活动计划

（2）工作资源

借鉴Demerouti和Euwema，本章选择了工作自主性、社会支持和绩效反馈三个方面以衡量工作资源[205]。工作自主性是指员工对其工作和决策过程的控制程度，可以带来积极的工作成果，例如工作满意度、绩效和员工福利。工作自主性的程度可能因工作性质、组织结构和文化以及个人的经验和技能水平而异。具有高度自主权的工作往往伴随着更多的责任和义务，但也可以提供主人翁感和独立完成任务的满足感。具备一定工作自主性可以帮助测井技术服务员工更快速地作出决策，根据作业现场实际情况作出适应性的调整和决策，在特殊井型、特殊井液、复杂境况下提高测井信息采集的效率。社会支持是指个体在需要时可以从他人那里获得的情感和实际资源。社会支持通过为个人提供与自身互补的资源来帮助他们应对工作的需求，保护他们免受压力源的负面影响。由于孔隙结构、流体特质、物性和岩性复杂多变，测井技术服务员工之间的紧密合作对分析评价油气成藏条件必不可少。社会支持有助于员工共享经验，减轻他们在作业现场的焦虑和压力。绩效反馈是指向员工提供有关其绩效的建设性反馈、突出他们擅长的领域并确定他们需要改进的领域的过程。及时和准确的绩效反馈对于测井技术服务员工的成长和改进至关重要，有助于提升技能和知识，提高油气勘探准确性。

采取由 Liu 等开发的工作自主性量表，有三个题项[206]；社会支持的量表由 Karasek 等开发，有五个题项[207]；绩效反馈的量表由 Gonzalez-Mule 等开发，有三个题项[208]。量表均采用李科特五点量表形式进行计分，1 表示从不，2 表示偶尔，3 表示一般，4 表示经常，5 表示总是如此。具体题项内容见表 4-2。

表 4-2 工作资源量表内容

量表名称	维度	题项
工作资源（JR）	工作自主性（JA）	JA1. 我对我的工作有很大的决策权
		JA2. 我的工作允许我在职责范围内独立处理事情
		JA3. 工作中我有很多机会独立自主决定如何完成任务

续表

量表名称	维度	题项
工作资源（JR）	社会支持（SS）	SS1. 我在工作中有机会建立亲密的友谊
		SS2. 我在工作中有机会结识他人
		SS3. 我有机会在工作中与他人见面
		SS4. 和我一起工作的人都对我很关心
		SS5. 和我一起工作的人都很友好
	绩效反馈（PF）	PF1. 我的工作方式很少被评估
		PF2. 我经常会收到所做工作质量的反馈
		PF3. 我不知道工作做得如何

（3）家长式领导

家长式领导是一种在中国文化情景中独特的领导风格，因为领导者扮演父亲的角色，关心员工的个人和职业发展。这种领导风格重视员工的忠诚和服从，并为他们提供保护和关怀。家长式领导为员工做决定，并高度参与他们在工作场所内外的生活。虽然家长式领导可能有助于为员工创造安全感和归属感，但也会限制他们的自主权和创造力。这也导致了家长式领导者常被视为独裁领导。因此，这种领导风格的有效性取决于具体情况和组织文化。

使用 Farh 和 Cheng 的家长式领导量表，对家长式领导风格进行测量[174]。采用李科特五点量表形式进行计分，1 表示非常不同意，2 表示不同意，3 表示不确定，4 表示同意，5 表示非常同意。具体题项内容见表 4-3。

表 4-3　家长式领导量表内容

量表名称	维度	题项
家长式领导（PL）	仁慈领导（BL）	BL1. 上司把所有的精力都花在了照顾下属上
		BL2. 上司关心我们的个人日常生活
		BL3. 上司平常会向我嘘寒问暖
		BL4. 对相处较久的下属，上司会做到无微不至的照顾
		BL5. 当我遇到困难时，上司会鼓励我
		BL6. 上司会为下属处理日常生活中的难题
	德行领导（ML）	ML1. 上司从不公报私仇
		ML2. 上司以德取人，不嫉妒他人的能力和美德
		ML3. 上司为人正派，不会假公济私
		ML4. 上司不会抢我的功劳
		ML5. 上司不会占我的小便宜
	威权领导（AL）	AL1. 上司要求我完全服从他/她的领导
		AL2. 大小事情都由上司自己独立决定
		AL3. 开会时，都按照上司的意思做最后的决定
		AL4. 与上司一起工作时，带给我很大的压力
		AL5. 上司实行严格的纪律要求

（4）员工情景约束

第 3 章以测井技术服务员工为研究对象编制了适用于我国油田工程技术服务企业的情景约束量表，经初步验证，量表有良好的信度和效度。该变量的题项和编码见表 4-4，采用李克特五点量表形式计分，其中，1 表示非常不符合，2 表示不太符合，3 表示一般，4 表示比较符合，5 表示非常符合。

表 4-4 测井技术服务员工情景约束量表内容

量表名称	维度	题项
员工情景约束（SC）	一维度	SC1.测井技术服务关键岗位人员短缺
		SC2.上下级沟通存在障碍
		SC3.测井技术服务装备配件、消耗材料供应不及时
		SC4.不同地域对危化品的管控要求不一致
		SC5.员工技能水平不具备综合施工服务能力
		SC6.油田勘探开发投资与测井技术服务企业的衔接不畅
		SC7.生产组织管理方面存在缺陷
		SC8.测井技术服务定额没有及时调整
		SC9.现场施工作业环境恶劣

（5）控制变量

为了控制研究结果的偏差，需要收集员工的人口学变量并且衡量他们对研究中工作要求、工作资源、家长式领导和员工情景约束等变量的影响。根据以往学者对包含以上变量的研究所选择的人口统计学变量，而且参考了以往学者对油田工程技术服务员工进行调研时设置的人口统计学变量，选取了以下5个人口统计学变量：性别、年龄、学历、岗位职级和岗位年限。将通过T检验和方差分析结果确定最终的控制变量。性别分为男、女。参照国内权威期刊对年龄的分组，将年龄分为5组，分别为25岁及以下，26~35岁，36~45岁，46~55岁和56岁及以上。根据调研，受访单位的测井技术服务作业队岗位主要包括测井作业队长、测井操作工程师、井口工、大车司机等，其中测井作业队长和操作工程师均要求具备大学及以上学历文化程度。结合员工的学历现状，将学历分为4组，分别为中专（含高中）及以下，大专，本科和研究生及以上。员工填写岗位年限整数，不足1年按照1年计算。岗位职级从低到高为初级工，中级工，高级工，技师或工程师和高级技师及以上。

此外，心理控制源指个人对其成功和失败原因的信念[209]。它可以是内部的，也可以是外部的。内控者认为他们可以控制自己的生活中的事件，而外控者则认为事件是由运气或命运等外部因素控制的。个体的心理控制源可以引发不同的结果，内控者往往自尊心更高，应对能力更好，并且更有动力。外控者在面临不利的外部因素时，可能更容易感到沮丧和焦虑。员工的心理控制源可能对其感知到的情景约束水平有影响，也被作为控制变量纳入研究。

4.4.2 数据收集

（1）确定调研对象

由于研究内容是测井技术服务员工情景约束的形成机理以及对工作绩效的影响研究，因此，调研重点是测井作业队的员工。为了使得抽样快速、方便实施，主要采用随机抽样和判断抽样的方式。一方面，很多测井技术服务小队在偏远的地方工作，很难直接取得联系。通过人事部门筛选出符合样本要求的员工可以在短时间内迅速增加样本量，使样本包含测井作业队中不同工种的员工，例如操作工程师、司机、井口工、质量监督员等。另一方面，一个油田工程技术服务单位中的测井技术服务小队有限，为了增加样本代表性，研究者从隆昌、重庆和西安等地的不同测井技术服务企业中寻找业务联络人，提升样本含量的丰富程度。

由于预测试数据及其分析结果将用于完善正式问卷，本次预测试涵盖了测井技术服务员工情景约束形成机理及其对工作绩效影响的研究模型相关变量，以确保正式问卷质量得到有效提升。员工的预调研问卷包含情景约束量表9个题项，工作要求量表18个题项，家长式领导量表16个题项，工作资源量表11个题项，心理控制源

8个题项，压力认知评价6个题项，成长型思维模式3个题项，期望理论控制变量22个题项和人口统计学变量5个题项。针对上级的预调研问卷包含工作敬业度9个题项，工作绩效5个题项和人口统计学变量等信息5个题项。

（2）制定问卷

在形成问卷的过程中，组织小规模访谈，以确保问卷的表面效度。为使题项表述符合石油行业这一组织情境，邀请组织行为与企业管理领域专家2名，测井技术服务基层员工2名、管理者2名，进行一对一访谈。综合访谈收集的意见和建议，对问卷作出如下修改：

1）由于调查样本中的党员群体比例较大，谈到组织容易与党组织混淆。为了避免这种理解偏误，将"组织"改为了更加口语化的"公司"和"单位"。

2）在保持题项原意的同时，对个别语句的表述进行，以符合员工的思维习惯。例如将量表中的"雇主"的表述改为"上司"。

完成修改后，形成问卷。纸质问卷是传统的问卷回收方式，发放和回收定位准确。由于需要将员工问卷和领导问卷进行配对，现场分发和收取员工和领导的问卷效率更高，更方便员工现场作答，回收率高。基于以上步骤，进行排版，并且打印版纸质问卷，为开展调研做好准备。

（3）预测试调研

对调研问卷进行预测试可以改善问卷质量、确保研究结果的有效性。基于预调研的数据，可以对量表的信度和效度进行检验，进而筛选和净化题项。预测试问卷以西南某油气田下属测井技术服务公司的部分员工为调研对象。在与对方单位的人力资源管理部门取得联系之后，于2022年6月，对该公司测井技术服务员工进行调研，包括测井队队长、井口组长和测井队一般作业员工。由于野外作业周期不稳定,为了预调研工作无须局限于特定的调研地点或时间,本章在该阶段采取了网络问卷形式。向人力资源管理部门的联络员提供问卷星的问卷链接,由联络人向所需调研的部门和队伍定点投放,进而由部门负责人填写领导问卷、并且组织小队成员填写员工问卷。尽管不强制作答,受访者在问卷中需填写本人以及负责人的姓名首字母缩写,用于领导问卷和员工问卷之间的配对并且保护调研对象的隐私。在问卷的卷首设置指导语,向调研对象说明本次调研的目的,以及数据的用途,采用匿名作答,并保证数据仅作为基础研究所用。预调研收集的问卷存在空缺题项过多、不同量表的题项答连续雷同等情况,故作删除处理。历时近1个月,回收匹配问卷304份。检查回收的样本数据,删除作答不认真的问卷18份,剩余有效问卷286份,有效率为94.08%。

对预测试样本进行描述性统计分析,结果见表4-5。由结果可知,男性样本的数量与女性样本基本相当。样本中,36岁至45岁的员工占样本的33.9%;教育程度在本科及以上的员工占样本的61.5%;初级工和中级工占样本数量的60.2%。

表4-5 预测试样本人口学变量描述统计分析结果(*N*=286)

人口学变量	类别	样本数	百分比/%	累计百分比/%
性别	男	157	54.9	54.9
	女	129	45.1	100
年龄	25岁及以下	2	0.7	0.7
	26~35岁	79	27.6	28.3
	36~45岁	97	33.9	62.2
	46~55岁	92	32.2	94.4
	56岁及以上	16	5.6	100

续表

人口学变量	类别	样本数	百分比/%	累计百分比/%
教育程度	中专（含高中）及以下	62	21.7	21.7
	大专	48	16.8	38.5
	本科	135	47.2	85.7
	研究生及以上	41	14.3	100
岗位职级	初级工	50	17.5	17.5
	中级工	122	42.7	60.2
	高级工	95	33.2	93.4
	技师或工程师	16	5.6	99.0
	高级技师及以上	3	1.0	100.0

（4）正式问卷调研

预测试的数据被用于对问卷进行必要修改的依据，对预测试的数据进行处理和分析有助于研究者确保问卷能够达到预期的质量标准。由于问卷题项较多，为了提升问卷填涂质量以及减少共同方法偏差，在两个不同时间点收集来自相同参与者的数据。工作要求、工作资源、家长式领导、成长型思维模式、心理控制源和人口统计学变量由第一次员工问卷调查收集，具体内容见附录4。情景约束、压力认知评价和期望理论控制变量由第二次员工问卷调查收集，具体内容见附录5。员工的工作绩效、工作敬业度由领导评价，领导问卷同第二次员工问卷调查一同发放，具体内容见附录6。员工问卷由参加调研的测井队操作工程师、副操作工程师、司机、井口工和质量监督员填写，领导问卷由测井队的队长填写。正式调研历时3个月，从2022年7月至2022年9月。

与前期测井技术服务员工情景约束量表测试以及研究的预测试一样，在中国石油所属的测井技术服务企业中开展调研。通过学术会议和科研项目，成功与多家企业建立联系，进而与调研企业的人力资源部门取得联系。通过沟通，向对方说明此次调研的目的及主题，并向对方单位传达所需问卷的数量，咨询可参与调研的群体以及可收集问卷的大概数量。最终开展问卷发放与回收。将问卷发放给联系人，由联系人引导调研对象填写，部分问卷现场收集，部分问卷由联系人邮寄给研究者。

由于正式调研需要分两个时间点采集数据，而且研究者无法到所有作业现场收集问卷，有些员工未能按时完成两次调研，故作删除处理。此外，对回答连续雷同、正反向题回答一致等作答不认真的问卷进行删除。经过两次调研匹配受访者后，回收匹配完好的调研问卷392份。根据以上准则，在对数据进行整理和筛选时，删除作答不认真的问卷23份，剩余有效问卷369份，有效率94.13%。调研对象分布在四川、重庆和陕西3个省份。

对测井技术服务员工正式调研数据进行描述性统计分析，结果见表4-6。由结果可知，参与调研的369个测井技术服务员工样本中，男性233个，女性136个，符合测井小队的性别分布特征。其中，36岁及以上的员工占总样本的64.2%。教育程度为本科及以上占总样本的55.8%；初级以及中级职称的员工占总样本的65.3%。

表4-6 样本人口学变量描述性统计分析结果（71组，$N=369$）

人口学变量	类别	样本数	百分比/%	累计百分比/%
性别	男	233	63.1	63.1
	女	136	36.9	100
年龄	25岁及以下	20	5.4	5.4
	26~35岁	112	30.4	35.8
	36~45岁	112	30.4	66.2
	46~55岁	104	28.1	94.3
	56岁及以上	21	5.7	100

续表

人口学变量	类别	样本数	百分比 /%	累计百分比 /%
教育程度	中专（含高中）及以下	80	21.7	21.7
	大专	83	22.5	44.2
	本科	164	44.4	88.6
	研究生及以上	42	11.4	100
岗位职级	初级工	119	32.2	32.2
	中级工	122	33.1	65.3
	高级工	105	28.5	93.8
	技师或工程师	20	5.4	99.2
	高级技师以上	3	0.8	100

4.5 问卷效信度检验

4.5.1 工作要求

（1）工作要求量表预测试效度检验

效度检验负责衡量一个测量工具能否测得其所欲测量的构念[210]。首先对工作要求量表预测试数据进行 KMO 和 Bartlett 球形度检验，判断样本是否适合进行因子分析，检验结果见表 4-7。由结果可知，数据的 KMO 值为 0.841，大于 0.70；Bartlett 球形度检验显著性水平小于 0.001，达到显著水平，表示样本适合作因子分析。

表 4-7 工作要求量表预测试 KMO 和 Bartlett 球形度检验（N=286）

KMO		0.841
Bartlett 球形度检验	近似卡方	2686.229
	自由度	153
	显著性	0.000

随后，采取主成分分析法，提取 4 个因子，选择最大方差法旋转，得到题项载荷。由表 4-8 探索性因子分析结果可知，所有题项的方差解释率为 65.510%，但由于体力要求题项二（PD2）的因子载荷在两个因子上均大于 0.5 且相差不足 0.2，故删除；体力要求题项一（PD1）和七（PD7）在第 4 个因子上因子载荷均大于 0.5，但所属的因子与体力要求的其他题项不同，说明这两个题项与体力要求的其他题项相似度不高，故删除。工作超负荷题项五（WL5）在两个因子上的因子载荷均超过 0.5 且相差不足 0.2，故删除。修订后量表的探索性因子分析结果见表 4-9 中修正后题项载荷，可知每个题项的因子载荷均大于 0.50，且该因子累计方差解释率大于 60%，符合测量要求。在正式测试中采用了修订后的工作要求量表，并基于该修订版量表进行了效度与信度检验。

表 4-8 工作要求量表预测试探索性因子分析结果（N=286）

题项/因子	1	2	3	4	备注
WL1	0.829	0.189	0.045	−0.039	
WL2	0.736	0.209	0.100	−0.033	
WL3	0.791	−0.001	0.170	0.126	
WL4	0.825	0.101	0.066	0.115	
WL5	0.642	−0.005	0.240	0.520	删除
ED1	0.553	−0.055	0.153	0.440	
ED2	0.324	0.000	0.407	0.490	
ED3	0.238	0.095	0.403	0.515	
PD1	0.107	0.168	0.059	0.734	删除
PD2	0.103	0.587	0.141	0.525	删除
PD3	0.108	0.692	0.010	0.354	
PD4	0.001	0.861	0.101	0.206	
PD5	0.050	0.853	0.143	−0.039	

续表

题项/因子	1	2	3	4	备注
PD6	0.336	0.655	0.230	−0.161	
PD7	−0.029	0.089	0.191	0.707	删除
WFC1	0.065	0.081	0.845	0.246	
WFC2	0.190	0.169	0.856	0.227	
WFC3	0.194	0.226	0.836	0.061	
因子命名 方差解释率	工作超负荷（WL） 34.030%	体力要求（PD） 13.234%	工作家庭冲突（WFC） 10.868%	情绪要求（ED） 7.378%	

表4-9 工作要求量表预测试修正后探索性因子分析结果（N=286）

题项	修正后题项载荷1	修正后题项载荷2	修正后题项载荷3	修正后题项载荷4	备注
WL1	0.861	0.153	0.066	0.056	
WL2	0.778	0.196	0.105	0.057	
WL3	0.760	−0.031	0.177	0.254	
WL4	0.812	0.072	0.086	0.220	
ED1	0.399	0.001	0.061	0.691	
ED2	0.118	0.101	0.238	0.849	
ED3	0.087	0.181	0.291	0.717	
PD1	0.108	0.690	0.093	0.148	
PD2	−0.017	0.887	0.090	0.147	
PD3	0.049	0.878	0.100	0.005	
PD4	0.346	0.649	0.190	−0.029	
WFC1	0.043	0.071	0.864	0.229	
WFC2	0.168	0.164	0.864	0.260	
WFC3	0.196	0.207	0.854	0.100	
因子命名 方差解释率	工作超负荷（WL） 36.223%	体力要求（PD） 14.970%	工作家庭冲突（WFC） 13.101%	情绪要求（ED） 7.838%	

（2）工作要求量表正式测试效度检验

运用测井技术服务员工的正式调研数据，进行工作要求量表的KMO和Bartlett球形度检验，检验结果见表4-10。由结果可知，数据的KMO值为0.834，大于0.70；Bartlett球形度检验显著性水平小于0.001，达到显著水平，表示样本适合进行因子分析。

表4-10　工作要求量表正式测试KMO和Bartlett球形度检验（N=369）

KMO		0.834
Bartlett球形度检验	近似卡方	2910.973
	自由度	91
	显著性	0.000

随后，采取主成分分析法，提取特征值大于1的因子，选择最大方差法旋转。由碎石图和因子分析结果显示共提取4个因子，累计方差解释率73.706%。大部分题项在所属因子上的载荷均大于0.5，在其他因子上的交叉载荷均小于0.45，分析结果见表4-11。

表4-11　工作要求量表正式测试探索性因子分析结果（N=369）

题项/因子	1	2	3	4
WL1	0.859	0.136	0.057	0.097
WL2	0.788	0.228	0.139	0.114
WL3	0.779	0.004	0.180	0.248
WL4	0.810	0.110	0.154	0.214
ED1	0.386	0.051	0.101	0.691
ED2	0.170	0.138	0.241	0.834
ED3	0.118	0.184	0.296	0.750
PD1	0.110	0.718	0.115	0.154
PD2	0.005	0.896	0.106	0.167

续表

题项/因子	1	2	3	4
PD3	0.081	0.888	0.115	0.046
PD4	0.338	0.669	0.167	0.009
WFC1	0.102	0.091	0.853	0.227
WFC2	0.189	0.163	0.856	0.268
WFC3	0.187	0.226	0.834	0.130
因子命名 方差解释率	工作超负荷 （WL） 39.965%	体力要求（PD） 14.388%	工作家庭冲突 （WFC） 12.058%	情绪要求（ED） 7.295%

使用验证性因子分析对量表进行模型拟合检验，根据吴明隆的建议，选择了以下七个指标来评估模型的拟合程度：卡方自由度比值（x^2/df）、残差均方根（RMR）、平均平方误差平方根（RMSEA）、拟合优度指标（GFI）、调整拟合指数（AGFI）、基准化拟合度指标（NFI）以及比较拟合度指标（CFI）[211]。由表4-12检验结果可知，模型拟合指标基本符合相关标准。

表4-12 工作要求结构模型拟合指标比较（N=369）

模型/指标	x^2/df	GFI	SRMR	RMSEA	AGFI	NFI	CFI
参考值	≤ 3.0	> 0.90	< 0.08	< 0.08	> 0.9	> 0.9	> 0.9
统计值	2.977	0.953	0.075	0.073	0.883	0.931	0.953

验证性因子分析是对量表收敛效度和区分效度的检验。通常使用因子抽取变异量（AVE）来评价收敛效度，当因子抽取的平均变异量大于0.5时，表示该因子具有足够的收敛效度。此外，因子抽取异量的均方根与其他因子间相关系数也可以用于判断区分度。如果因子与其他因子之间的相关系数小于该因子AVE的均方根，则表明该

维度具有区分效度。

结合以上检验标准，根据工作要求验证性因子分析的结果，可计算收敛效度和区分效度的指标值。由表 4–13 可知，所有工作要求的 AVE 值均大于 0.5，表明量表在测井技术服务员工样本中的测量结果具有较好的收敛效度。从表 4–14 可知，工作要求各维度的 AVE 开根值大于该因子与其他因子之间的相关系数，因此，表明该量表在样本中的测量结果具有较好的区分效度。

表 4–13　工作要求量表收敛效度检验结果（N=369）

维度	题项	标准化载荷	标准误差（SE）	AVE
工作超负荷（WL）	WL1	0.711	0.039	0.624
	WL2	0.749	0.042	
	WL3	0.859	0.044	
	WL4	0.831	0.033	
体力要求（PD）	PD1	0.653	0.060	0.573
	PD2	0.966	0.046	
	PD3	0.811	0.040	
	PD4	0.524	0.050	
工作家庭冲突（WFC）	WFC1	0.797	0.041	0.730
	WFC2	0.947	0.031	
	WFC3	0.812	0.040	
情绪要求（ED）	ED1	0.645	0.051	0.560
	ED2	0.835	0.042	
	ED3	0.752	0.043	

表 4–14　工作要求量表区分效度检验结果（N=369）

维度	工作超负荷	体力要求	工作家庭冲突	情绪要求
工作超负荷	**0.790**			
体力要求	0.229	**0.757**		

续表

维度	工作超负荷	体力要求	工作家庭冲突	情绪要求
工作家庭冲突	0.452	0.337	**0.854**	
情绪要求	0.463	0.352	0.523	**0.748**

注：表中对角线上粗体字为 AVE 的开根值。

（3）工作要求量表预测试信度检验

信度检验用于评估同样的测量工具在不同时间、不同情境或不同观察者的测量结果之间的一致性，通常使用 Cronbach 系数。信度系数达到 0.80 以上较好，如果信度系数低于 0.6，则需要考虑重新修订测量工具，因为量表无法稳定地衡量工作要求。

除了信度系数以外，还使用了 CITC（项目－总分相关修正系数）分析方法，确定量表内部各个题目（项目）与总分之间的相关程度。题项的 CITC 值低于 0.50 说明该项目与总分之间相关性较低，应做删除处理。工作要求量表预测试信度检验结果见表 4-15。由信度检验结果可知，信度系数大于 0.70。所有题项的 CITC 值均大于 0.50，由预测试结果可知，工作要求量表具有较好的测量信度。

表 4-15　工作要求量表预测试信度检验结果（*N*=286）

维度	题项	CITC 值	Alpha if Item Deleted	α 值
工作超负荷（WL）	WL1	0.735	0.798	0.852
	WL2	0.654	0.829	
	WL3	0.676	0.824	
	WL4	0.726	0.798	
体力要求（PD）	PD1	0.543	0.812	0.812
	PD2	0.750	0.705	
	PD3	0.718	0.724	
	PD4	0.536	0.806	

续表

维度	题项	CITC 值	Alpha if Item Deleted	α 值
工作家庭冲突（WFC）	WFC1	0.752	0.880	0.893
	WFC2	0.846	0.799	
	WFC3	0.772	0.862	
情绪要求（ED）	ED1	0.593	0.748	0.749
	ED2	0.700	0.515	
	ED3	0.546	0.700	

（4）工作要求量表正式测试信度检验

使用测井技术服务员工正式调研数据进行工作要求信度分析，检验结果见表 4-16。由表 4-16 可知，信度系数大于 0.70，题项的 CITC 值均大于 0.50，工作要求量表在正式测试中也有较好的测量信度。

表 4-16　工作要求量表正式测试信度检验结果（N=369）

维度	题项	CITC 值	Alpha if Item Deleted	α 值
体力要求（PD）	PD1	0.590	0.836	0.839
	PD2	0.788	0.742	
	PD3	0.763	0.756	
	PD4	0.566	0.839	
工作超负荷（WL）	WL1	0.741	0.829	0.870
	WL2	0.700	0.842	
	WL3	0.710	0.841	
	WL4	0.753	0.821	
工作家庭冲突（WFC）	WFC1	0.734	0.869	0.887
	WFC2	0.839	0.787	
	WFC3	0.756	0.860	
情绪要求（ED）	ED1	0.543	0.781	0.780
	ED2	0.704	0.603	
	ED3	0.608	0.711	

4.5.2 工作资源

（1）工作资源量表预测试效度检验

工作资源量表预测试数据经过 KMO 和 Bartlett 球形度检验，结果见表 4-17。由结果可知，数据的 KMO 值为 0.777，大于 0.70；Bartlett 球形度检验显著性水平小于 0.001，达到显著水平，表示样本适合作因子分析。

表 4-17 工作资源量表预测试 KMO 和 Bartlett 球形度检验（N=286）

KMO		0.777
Bartlett 球形度检验	近似卡方	1086.854
	自由度	55
	显著性	0.000

随后，采取主成分分析法，提取 3 个因子，选择最大方差法旋转，得到题项载荷。由表 4-18 探索性因子分析结果可知，工作资源三个因子所有题项的方差解释率为 63.863%，可知所有题项的因子载荷均大于 0.50，符合测量要求。

表 4-18 工作资源量表预测试探索性因子分析结果（N=286）

题项/因子	1	2	3	备注
JA1	0.077	0.784	0.014	
JA2	0.213	0.762	0.043	
JA3	0.199	0.828	0.091	
SS1	0.651	0.293	0.140	
SS2	0.807	0.018	−0.011	
SS3	0.823	0.073	0.007	
SS4	0.684	0.250	0.245	

题项/因子	1	2	3	备注
SS5	0.555	0.336	0.311	
PF1	0.059	−0.063	0.797	
PF2	0.273	0.144	0.807	
PF3	0.019	0.092	0.821	
因子命名	社会支持（SS）	工作自主性（JA）	绩效反馈（PF）	
方差解释率	35.819%	15.833%	12.211%	

（2）工作资源量表正式测试效度检验

运用正式调研数据，进行工作资源量表的 KMO 和 Bartlett 球形度检验，检验结果见表 4-19。由结果可知，数据的 KMO 值为 0.781，大于 0.70；Bartlett 球形度检验显著性水平小于 0.001，达到显著水平，表示样本适合进行因子分析。

表 4-19 工作资源量表正式测试 KMO 和 Bartlett 球形度检验（N=369）

KMO		0.781
Bartlett 球形度检验	近似卡方	1437.996
	自由度	55
	显著性	0.000

通过主成分分析法提取特征值大于 1 的因子，选择最大方差法旋转。共提取 3 个因子，累计方差解释率 64.094%。大部分题项在所属因子上的载荷均大于 0.5，在其他因子上的交叉载荷均小于 0.45，分析结果见表 4-20。

表 4-20　工作资源量表正式测试探索性因子分析结果（N=369）

题项/因子	1	2	3	备注
JA1	0.139	0.734	−0.038	
JA2	0.153	0.789	0.044	
JA3	0.132	0.836	0.102	
SS1	0.591	0.385	0.175	
SS2	0.827	0.037	0.002	
SS3	0.823	0.072	−0.016	
SS4	0.622	0.357	0.260	
SS5	0.505	0.430	0.322	
PF1	0.049	−0.051	0.805	
PF2	0.235	0.159	0.814	
PF3	−0.002	0.059	0.833	
因子命名	社会支持（SS）	工作自主性（JA）	绩效反馈（PF）	
方差解释率	35.914%	16.544%	11.636%	

由表 4-21 检验结果可知，工作资源的模型拟合指标基本符合相关标准。对于模型而言，符合适配度的检验标准。

表 4-21　工作资源结构模型拟合指标比较（N=369）

模型/指标	x^2/df	GFI	SRMR	RMSEA	AGFI	NFI	CFI
参考值	≤ 3.0	> 0.90	< 0.08	< 0.08	> 0.9	> 0.9	> 0.9
统计值	2.454	0.955	0.033	0.063	0.926	0.933	0.958

结合收敛效度与区分效度检验标准，根据工作资源验证性因子分析的结果，可计算收敛效度和区分效度的指标值，具体结果见表 4-22。由表 4-22 可知，社会支持（SS）的 AVE 值接近 0.5，其他两个工作资源的 AVE 值均大于 0.5，表明量表在测井技术服务员工样本中的测量结果具有较好的收敛效度。

表 4-22　工作资源量表收敛效度检验结果（N=369）

维度	题项	标准化载荷	标准误差（SE）	AVE
工作自主性（JA）	JA1	0.606	0.049	0.521
	JA2	0.731	0.041	
	JA3	0.813	0.043	
社会支持（SS）	SS1	0.684	0.031	0.500
	SS2	0.752	0.041	
	SS3	0.472	0.052	
	SS4	0.823	0.025	
	SS5	0.752	0.018	
绩效反馈（PF）	PF1	0.625	0.032	0.549
	PF2	0.903	0.047	
	PF3	0.664	0.040	

从表 4-23 可知，工作资源各维度的 AVE 开根值大于该维度与其他维度之间的相关系数，表明该量表在测井技术服务员工样本中的测量结果具有较好的区分效度。

表 4-23　工作资源量表区分效度检验结果（N=369）

维度	工作自主性	社会支持	绩效反馈
工作自主性	**0.722**		
社会支持	0.513	**0.707**	
绩效反馈	0.272	0.475	**0.741**

注：表中对角线上粗体字为 AVE 的开根值。

（3）工作资源量表预测试信度检验

工作资源量表预测试信度检验结果见表 4-24。由检验结果可知，信度系数大于 0.70。9 个题项的 CITC 值均大于 0.50，说明工作资源量表在预测试中具有较好的测量信度。

表 4-24　工作资源量表预测试信度检验结果（N=286）

维度	题项	CITC 值	Alpha if Item Deleted	α 值
工作自主性（JA）	JA1	0.523	0.742	0.755
	JA2	0.572	0.687	
	JA3	0.664	0.581	
社会支持（SS）	SS1	0.569	0.767	0.800
	SS2	0.574	0.765	
	SS3	0.615	0.754	
	SS4	0.634	0.747	
	SS5	0.544	0.776	
绩效反馈（PF）	PF1	0.557	0.736	0.768
	PF2	0.657	0.622	
	PF3	0.597	0.693	

（4）工作资源量表正式测试信度检验

对正式调研数据进行工作资源信度分析，分析结果见表4-25。由结果可知，信度系数大于0.70。11个题项的CITC值均大于0.50。由检验结果可知，工作资源量表在正式测试中有较好的测量信度。

表 4-25　工作资源量表正式测试信度检验结果（N=369）

维度	题项	CITC 值	Alpha if Item Deleted	α 值
工作自主性（JA）	JA1	0.523	0.746	0.756
	JA2	0.596	0.662	
	JA3	0.641	0.609	
社会支持（SS）	SS1	0.573	0.753	0.792
	SS2	0.560	0.757	

续表

维度	题项	CITC 值	Alpha if Item Deleted	α 值
社会支持 （SS）	SS3	0.560	0.761	0.792
	SS4	0.631	0.734	
	SS5	0.560	0.761	
绩效反馈 （PF）	PF1	0.586	0.742	0.782
	PF2	0.665	0.654	
	PF3	0.616	0.710	

4.5.3 家长式领导

（1）家长式领导量表预测试效度检验

对家长式领导量表预测试数据进行 KMO 和 Bartlett 球形度检验，检验结果见表 4-26。由结果可知，数据的 KMO 值为 0.884，大于 0.70；Bartlett 球形度检验显著性水平小于 0.001，达到显著水平，表示样本适合作因子分析。

表 4-26 家长式领导量表预测试 KMO 和 Bartlett 球形度检验（N=286）

KMO		0.884
Bartlett 球形度检验	近似卡方	2852.478
	自由度	120
	显著性	0.000

通过主成分分析法提取出 3 个因子。选择最大方差法旋转，得到题项载荷。由表 4-27 探索性因子分析结果可知，家长式领导所有题项的方差解释率为 67.482%。每个题项的因子载荷均大于 0.50，且该因子累计方差解释率大于 60%，符合测量要求。

表 4-27 家长式领导量表预测试探索性因子分析结果（N=286）

题项/因子	1	2	3	备注
BL1	0.074	0.655	0.220	
BL2	0.298	0.806	−0.154	
BL3	0.347	0.789	−0.128	
BL4	0.149	0.805	0.086	
BL5	0.408	0.656	−0.196	
BL6	0.358	0.668	−0.007	
ML1	0.826	0.269	−0.115	
ML2	0.850	0.299	−0.107	
ML3	0.835	0.278	−0.123	
ML4	0.814	0.296	−0.052	
ML5	0.831	0.216	−0.057	
AL1	−0.164	0.130	0.743	
AL2	−0.218	0.033	0.834	
AL3	−0.082	−0.077	0.786	
AL4	−0.088	−0.136	0.719	
AL5	0.390	0.049	0.602	
因子命名 方差解释率	德行领导（ML） 40.191%	仁慈领导（BL） 17.709%	威权领导（AL） 9.582%	

（2）家长式领导量表正式测试效度检验

运用测井技术服务员工正式调研数据，进行家长式领导量表的 KMO 和 Bartlett 球形度检验，判断样本是否适合进行因子分析，检验结果见表 4-28。由结果可知，数据的 KMO 值为 0.901，大于 0.70；Bartlett 球形度检验显著性水平小于 0.001，达到显著水平，表示样本适合进行因子分析。

表 4-28　家长式领导量表正式测试 KMO 和 Bartlett 球形度检验（N=369）

KMO		0.901
Bartlett 球形度检验	近似卡方	3715.122
	自由度	91
	显著性	0.000

基于主成分分析法，提取特征值大于 1 的因子。选择最大方差法旋转，共提取 3 个因子，累计方差解释率 74.38%。所有题项在所属因子上的载荷均大于 0.5，在其他因子上的交叉载荷均小于 0.45，见表 4-29。家长式领导的模型拟合指标见表 4-30，拟合度较好。

表 4-29　家长式领导量表正式测试探索性因子分析结果（N=369）

题项/因子	1	2	3
BL1	0.304	0.828	−0.098
BL2	0.307	0.824	−0.114
BL3	0.222	0.816	0.122
BL4	0.395	0.730	−0.152
BL5	0.411	0.680	0.082
ML1	0.810	0.334	−0.105
ML2	0.819	0.366	−0.111
ML3	0.849	0.316	−0.103
ML4	0.848	0.294	−0.060
ML5	0.846	0.255	−0.050
AL1	−0.120	0.104	0.794
AL2	−0.133	0.019	0.869
AL3	−0.013	−0.098	0.820
AL4	−0.016	−0.118	0.782
因子命名	德行领导（ML）	仁慈领导（BL）	威权领导（AL）
方差解释率	46.546%	19.016%	8.818%

表 4-30　家长式领导结构模型拟合指标比较（N=369）

模型/指标	x^2/df	GFI	SRMR	RMSEA	AGFI	NFI	CFI
参考值	≤ 3.0	> 0.90	< 0.08	< 0.08	> 0.9	> 0.9	> 0.9
统计值	2.320	0.942	0.044	0.060	0.914	0.956	0.975

结合收敛效度与区分效度检验标准，根据家长式领导验证性因子分析的结果，可计算收敛效度和区分效度的指标值。由表 4-31 可知，家长式领导各维度的 AVE 值均大于 0.5，表明量表在测井技术服务员工样本中的测量结果具有较好的收敛效度。

表 4-31　家长式领导量表收敛效度检验结果（N=369）

维度	题项	标准化载荷	标准误差（SE）	AVE
仁慈领导（BL）	BL1	0.853	0.025	0.662
	BL2	0.898	0.025	
	BL3	0.735	0.038	
	BL4	0.797	0.026	
	BL5	0.776	0.033	
德行领导（ML）	ML1	0.867	0.021	0.745
	ML2	0.894	0.014	
	ML3	0.903	0.014	
	ML4	0.841	0.020	
	ML5	0.808	0.022	
威权领导（AL）	AL1	0.727	0.042	0.553
	AL2	0.929	0.049	
	AL3	0.677	0.046	
	AL4	0.601	0.046	

从表 4-32 可知，家长式领导各维度的 AVE 开根值大于该维度与其他维度之间的相关系数，表明该量表在测井技术服务员工样本中

的测量结果具有较好的区分效度。

表 4-32　家长式领导量表区分效度检验结果（N=369）

维度	仁慈领导	德行领导	威权领导
仁慈领导	**0.814**		
德行领导	0.726	**0.863**	
威权领导	−0.108	−0.214	**0.744**

注：表中对角线上粗体字为 AVE 的开根值。

（3）家长式领导量表预测试信度检验

家长式领导量表预测试信度检验结果见表 4-33。由信度检验结果可知，信度系数大于 0.80。14 个题项的 CITC 值均大于 0.50。题项一（BL1）的 CITC 值低于 0.50，故删除。威权领导的最后一个题项（AL5）CITC 值低于 0.50，故删除，威权领导的信度检验结果与效度检验结果一致，因此保留 4 个题项。由最终调试过的结果可知，家长式领导量表均具有较好的测量信度，修订后的仁慈领导和威权领导信度检验结果见表 4-34。在正式测试中采用了修订后的家长式领导量表，并基于该修订版量表进行了效度与信度检验。

表 4-33　家长式领导量表预测试信度检验结果（N=286）

维度	题项	CITC 值	Alpha if Item Deleted	α 值
仁慈领导（BL）	BL1	0.477	0.885	0.874
	BL2	0.786	0.832	
	BL3	0.800	0.829	
	BL4	0.678	0.852	
	BL5	0.678	0.852	
	BL6	0.647	0.857	

续表

维度	题项	CITC 值	Alpha if Item Deleted	α 值
德行领导（ML）	ML1	0.797	0.921	0.931
	ML2	0.855	0.909	
	ML3	0.843	0.911	
	ML4	0.815	0.916	
	ML5	0.790	0.921	
威权领导（AL）	AL1	0.590	0.757	0.799
	AL2	0.711	0.715	
	AL3	0.638	0.741	
	AL4	0.563	0.766	
	AL5	0.404	0.810	

表 4-34　家长式领导量表仁慈领导和威权领导预测试调试后信度检验结果（N=286）

维度	题项	CITC 值	Alpha if Item Deleted	α 值
仁慈领导（BL）	BL1	0.787	0.844	0.885
	BL2	0.796	0.842	
	BL3	0.657	0.875	
	BL4	0.712	0.862	
	BL5	0.660	0.874	
威权领导（AL）	AL1	0.590	0.779	0.810
	AL2	0.729	0.710	
	AL3	0.618	0.767	
	AL4	0.576	0.785	

（4）家长式领导量表正式测试信度检验

对测井技术服务员工正式调研数据进行家长式领导信度分析，分析结果见表 4-35。由检验结果可知，信度系数大于 0.80。14 个题项的 CITC 值均大于 0.50。由检验结果可知，家长式修订版领导量表在正式测试中有较好的测量信度。

表 4-35 家长式领导量表正式测试信度检验结果（N=369）

维度	题项	CITC 值	Alpha if Item Deleted	α 值
仁慈领导（BL）	BL1	0.806	0.865	0.900
	BL2	0.801	0.866	
	BL3	0.716	0.886	
	BL4	0.748	0.879	
	BL5	0.688	0.891	
德行领导（ML）	ML1	0.816	0.929	0.939
	ML2	0.850	0.922	
	ML3	0.862	0.920	
	ML4	0.841	0.923	
	ML5	0.813	0.928	
威权领导（AL）	AL1	0.634	0.814	0.840
	AL2	0.755	0.759	
	AL3	0.673	0.797	
	AL4	0.631	0.815	

4.5.4 测井技术服务员工情景约束

（1）测井技术服务员工情景约束量表预测试效度检验

首先对情景约束量表预测试数据进行 KMO 和 Bartlett 球形度检验，检验结果见表 4-36。由结果可知，数据的 KMO 值为 0.912，大于 0.70；Bartlett 球形度检验显著性水平小于 0.001，达到显著水平，表示样本适合进行因子分析。

表 4-36 员工情景约束量表预测试 KMO 和 Bartlett 球形度检验结果（N=286）

KMO		0.912
Bartlett 球形度检验	近似卡方	1619.566
	自由度	36
	显著性	0.000

通过主成分分析法，提取特征值大于 1 的因子。探索性因素分析提取出 1 个因子，累计方差解释率为 62.484%，大于 60%。由因子载荷结果可知，所有题项在所属因子上的载荷均大于 0.5，表示该量表的结构效度较好，具体数据见表 4-37。

表 4-37 员工情景约束量表预测试探索性因子分析结果（N=286）

题项/因子	1
SC1	0.765
SC2	0.773
SC3	0.801
SC4	0.786
SC5	0.798
SC6	0.789
SC7	0.786
SC8	0.775
SC9	0.838
方差解释率	62.484%

（2）测井技术服务员工情景约束量表正式测试效度检验

运用正式调研数据，进行员工情景约束量表的 KMO 和 Bartlett 球形度检验，判断样本是否适合进行因子分析，检验结果见表 4-38。由结果可知，数据的 KMO 值为 0.923，大于 0.70；Bartlett 球形度检验显著性水平小于 0.001，达到显著水平，表示样本适合作因子分析。

表 4-38 员工情景约束量表正式测试 KMO 和 Bartlett 球形度检验（N=369）

KMO		0.923
Bartlett 球形度检验	近似卡方	2445.534
	自由度	36
	显著性	0.000

利用主成分分析法提取特征值大于 1 的因子。探索性因素分析提取出了 1 个因子，累计方差解释率为 66.421%，大于 60%。由因子载荷结果可知，所有题项在所属因子上的载荷均大于 0.5，表示该量表的结构效度较好，具体数据见表 4-39。

表 4-39　员工情景约束量表正式测试探索性因子分析结果（N=369）

题项/因子	1
SC1	0.790
SC2	0.796
SC3	0.786
SC4	0.815
SC5	0.836
SC6	0.836
SC7	0.808
SC8	0.807
SC9	0.858
方差解释率	66.421%

通过验证性因子分析，对于情景约束的模型拟合情况进行检验。由表 4-40 检验结果可知，模型拟合指标均符合相关标准。

表 4-40　员工情景约束量表模型拟合指数检验结果（N=369）

模型/指标	x^2/df	GFI	SRMR	REMSA	AGFI	NFI	CFI
参考值	≤ 3.0	> 0.90	< 0.08	< 0.08	> 0.9	> 0.9	> 0.9
统计值	2.808	0.962	0.037	0.070	0.925	0.974	0.983

由于正式调研使用的情景约束量表是单一维度，不需要进行区分效度的检验。根据情景约束量表验证性因子分析的结果，可计算

收敛效度指标值，检验结果见表4-41。

表4-41 情景约束量表收敛效度检验结果（N=369）

维度	题项	标准化载荷	标准误差（SE）	AVE
情景约束（SC）	SC1	0.761	0.052	0.585
	SC2	0.741	0.067	
	SC3	0.728	0.068	
	SC4	0.759	0.056	
	SC5	0.832	0.058	
	SC6	0.812	0.050	
	SC7	0.798	0.056	
	SC8	0.761	0.049	
	SC9	0.810	0.049	

（3）员工情景约束量表预测试信度检验

员工情景约束量表预测试信度检验结果见表4-42。由信度检验结果可知，信度系数大于0.80。9个题项的CITC值均大于0.50。因此，该量表在预测试中有较好的测量信度。

表4-42 员工情景约束量表预测试信度检验结果（N=286）

维度	题项	CITC 值	Alpha if Item Deleted	α 值
一维度	SC1	0.701	0.918	0.925
	SC2	0.712	0.917	
	SC3	0.743	0.915	
	SC4	0.719	0.916	
	SC5	0.737	0.915	
	SC6	0.724	0.916	
	SC7	0.720	0.916	
	SC8	0.709	0.917	
	SC9	0.783	0.912	

（4）员工情景约束量表正式测试信度检验

对测井技术服务员工正式调研数据进行情景约束信度分析，分析结果见表4-43。由结果可知，信度系数大于0.80，9个题项的CITC值均大于0.50。由检验结果可知，员工情景约束量表在正式测试中亦有较好的测量信度。

表4-43 员工情景约束量表正式测试信度检验结果（N=369）

维度	题项	CITC值	Alpha if Item Deleted	α值
一维度	SC1	0.734	0.930	0.936
	SC2	0.743	0.930	
	SC3	0.729	0.931	
	SC4	0.757	0.929	
	SC5	0.785	0.927	
	SC6	0.783	0.927	
	SC7	0.749	0.929	
	SC8	0.749	0.929	
	SC9	0.810	0.926	

4.6 数据分析与假设检验

4.6.1 共同方法偏差检验

共同方法偏差（CMB）是指在研究中不同的变量之间存在的系统性关联，而这种关联并非由于实际的因果关系，而是由于共同的测量方法所引起的。由于研究中所使用的测量数据都来源于员工填写的问卷，存在共同方法变异的可能性。因此，本研究用Harman单因子检验方法对共同方法偏差进行检验[212]。将工作要求、工作资源、家长式领导和员工情景约束共计48个题项全部并入，进行未旋转的探索性因子分析，共提取11个因子。其中，总方差解释率为72.390%。第一个因子的方差解释率为20.242%，小于总方差解释率的一半。Harman单因子检验的结果说明，本研究不存在严重的共同方法偏差。

4.6.2 共线性检验

回归方程的方差膨胀因子（VIF）小于10则说明数据不存在严重的共线性问题。本研究对每个回归方程都进行了方差膨胀因子检验，VIF值均不大于1.2，远小于10，VIF数值见回归分析表4-67末行，说明本研究自变量之间不存在高度相关性。在后续的调节效应检验中，均对自变量和调节变量进行了中心化处理或者在Process中选择了变量中心化，以提高检验的准确性。

4.6.3 区分效度检验

工作要求和工作资源都是多因子结构，而本研究重点观察二者整体与测井技术服务员工约束感知之间的关系，并不剖析每个因子对员工情景约束的影响，因此以下部分将工作要求和工作资源的总分作为变量纳入数据分析。

为了检验研究变量工作要求、工作资源、仁慈领导、德行领导、威权领导和测井技术服务员工情景约束的区分效度及各量表的测量参数，本研究使用Amos24.0对研究变量进行了验证性因素分析。由表4-44所示的分析结果，六因子模型的拟合优度较好（x^2（1065）= 4250.797，RMSEA = 0.090，CFI = 0.723，TLI = 0.706，SRMR = 0.077），显著优于五因子、四因子等模型拟合优度，表明变量是六个不同的概念。

表 4-44 验证性因子分析结果（N=369）

模型	x^2	df	RMSEA	CFI	TLI	SRMR
六因子模型	4250.797	1065	0.090	0.723	0.706	0.077
五因子模型	4699.008	1070	0.096	0.684	0.667	0.080
四因子模型	5354.034	1074	0.104	0.627	0.609	0.111
三因子模型	6236.630	1077	0.114	0.551	0.529	0.129
二因子模型	8469.050	1079	0.136	0.356	0.327	0.193
一因子模型	9357.156	1080	0.144	0.279	0.247	0.157

注：1. 六因子模型：工作要求，工作资源，仁慈领导，德行领导，威权领导，测井技术服务员工情景约束。

2. 五因子模型：工作要求，工作资源，仁慈领导+德行领导，威权领导，测井技术服务员工情景约束。

3. 四因子模型：工作要求，工作资源，仁慈领导+德行领导+威权领导，测井技术服务员工情景约束。

4. 三因子模型：工作要求+工作资源，仁慈领导+德行领导+威权领导，测井技术服务员工情景约束。

5. 二因子模型：工作要求+工作资源+测井技术服务员工情景约束，仁慈领导+德行领导+威权领导。

6. 一因子模型：所有变量作为一个潜在因子。

4.6.4 基于人口统计学变量的差异化分析

（1）工作要求

工作要求直接关系着测井技术服务员工就工作情景对自身发挥最佳绩效的约束认知，尤其是不同工作岗位、工作职级、工龄的员工所面临的工作要求和强度有所不同，分析人口学变量对其影响对后续情景约束的研究非常重要。因此，本章使用正式调研数据，通过独立样本T检验、方差分析和事后比较等统计分析方法，进行测井技术服务员工人口学变量对工作要求的影响差异分析。

1）独立样本 T 检验。

由于性别是二值变量，因此，采用独立样本 T 检验，对不同性别的测井技术服务员工的工作要求是否存在显著差异进行分析。在进行独立样本 T 检验之前，首先对样本进行方差齐性检验。

由表 4-45 结果可知，测井技术服务员工样本中的男性和女性在工作要求上具有方差同质性。其中，男性 233 人，女性 136 人，在工作要求上 T 检验显著概率大于 0.05，未达到显著水平，说明男性和女性员工在面临的工作要求上不具有显著差异。

表 4-45　员工性别与工作要求的独立样本 T 检验结果（N=369）

变量	性别	人数	均值	方差相等的 Levene 检验		平均数相等的 T 检验	
				显著概率	是否同质性	显著概率	均值差
工作要求	男	233	3.10	0.050	是	0.453	-0.052
	女	136	3.15				

2）方差分析。

方差分析用于比较三个或三个以上组别的平均数是否存在显著差异，主要用于确定一个或多个因素对连续型变量的影响是否显著。通过比较组间方差和组内方差的大小来计算 F 值，当 F 值显著（$p<0.05$）时，说明组别间存在显著差异。F 检验显著表明可以拒绝组别间无显著差异的假设。然而，该结果无法展现群体间的具体不同。为此，需要进行事后比较来确定具体哪些组别之间存在差异。

同质性检验结果大于 0.05 则说明变量同质，使用方差同质事后比较法，如 LSD 检验法；同质性检验结果显著则说明变量异质，使用方差异质事后比较法，选用 Tamhane's T2 检验法。由于年龄、教育程度、岗位职级、岗位年限是多值变量，采用单因子方差分析方法进行它们对工作要求的影响差异检验，结果见表 4-46。

表 4-46 年龄、教育程度、岗位职级、岗位年限与工作要求的方差分析结果（N=369）

因变量	分组变量	方差同质性检验显著性	是否同质	F 值	F 值显著性
工作要求	年龄	1.561	是	2.524	0.041
	教育程度	0.020	否	2.417	0.066
	岗位职级	0.011	否	8.588	0.000
	岗位年限	0.077	是	4.584	0.011

表 4-47 年龄与工作要求事后比较结果（N=369）

因变量	算法	年龄（I）	年龄（J）	均值差（I-J）	均值差异显著性
工作要求	LSD	25 岁及以下	26～35 岁	-0.328	0.039
			36～45 岁	-0.459	0.004
			46～55 岁	-0.353	0.027
			56 岁及以上	-0.512	0.012

由方差分析结果可知，工作要求的均值在不同教育程度的组别上没有表现出显著差异；不同岗位职级的工作要求 F 值显著，其均值不满足方差同质性假设（$p < 0.05$），需要进行方差异质的事后比较，均值差见表 4-48，不同岗位职级对工作要求的水平表现出显著性差异（$p < 0.05$）。由于年龄和岗位年限通过样本同质性检验且 F 值显著，采用 LSD 检验法对年龄进行事后比较，均值差可见表 4-47 和表 4-49。

表 4-48 岗位职级与工作要求事后比较结果（N=369）

因变量	算法	岗位职级（I）	岗位职级（J）	均值差（I-J）	均值差异显著性
工作要求	Tamhane's T2	初级工	中级工	-0.425	0.000
			高级工	-0.359	0.001
			技师或工程师	-0.415	0.046
			高级技师及以上	0.259	0.768

表 4-49　岗位年限与工作要求事后比较结果（N=369）

因变量	算法	年限（I）	年限（J）	均值差（I-J）	均值差异显著性
工作要求	LSD	10年及以下	11～20年	−0.169	0.102
			21年及以上	−0.228	0.020

（2）工作资源

基于工作要求-资源模型，现有研究主要从工作资源对绩效指标和员工的工作态度影响展开。在本研究中，工作资源直接关系着测井技术服务员工就工作情景对自身发挥最佳绩效的约束认知，尤其是不同工作岗位、工作职级、工龄的员工所面临的工作情景和资源有所不同，分析人口学变量对其影响对后续情景约束的研究非常重要。

1）独立样本 T 检验。

由表 4-50 结果可知，测井技术服务员工样本中的男性和女性在工作资源上具有方差同质性。其中，男性233人，女性136人，在工作资源上 T 检验显著概率小于 0.05，达到显著水平，说明男性和女性员工在获得的工作资源上具有显著差异。

表 4-50　员工性别与工作资源的独立样本 T 检验结果（N=369）

变量	性别	人数	均值	方差相等的 Levene 检验		平均数相等的 T 检验	
				显著概率	是否同质性	显著概率	均值差
工作资源	男	233	3.44	0.523	是	0.03	0.115
	女	136	3.32				

2）方差分析。

方差分析结果见表 4-51。年龄、教育程度、岗位职级、岗位年限均通过样本同质性检验。年龄、教育程度、岗位年限在工作资源上的表现没有显著差异，仅有岗位职级的 F 值显著，采用 LSD 检验法对其进行事后比较，均值差见表 4-52。

表 4-51　年龄、教育程度、岗位职级、岗位年限与工作资源的方差分析结果（N=369）

因变量	分组变量	方差同质性检验显著性	是否同质	F 值	F 值显著性
工作资源	年龄	0.616	是	0.944	0.439
	教育程度	0.860	是	1.867	0.135
	岗位职级	0.135	是	2.949	0.020
	岗位年限	0.890	是	0.397	0.673

表 4-52　岗位职级与工作资源事后比较结果（N=369）

因变量	算法	岗位职级（I）	岗位职级（J）	均值差（I-J）	均值差异显著性
工作资源	LSD	中级工	初级工	−0.139	0.031
			高级工	−0.042	0.529
			技师	−0.347	0.004
			高级技师及以上	−0.292	0.315

（3）家长式领导

由于本研究中家长式领导由员工评价，因此为了避免领导风格的评价结果会受到个体差异或特定群体的影响，确保领导风格对员工的影响是客观公平的，本章就员工人口学变量对家长式领导三维度的影响进行差异分析。

1）独立样本 T 检验。

采用独立样本 T 检验分析不同性别的员工所评价的家长式领导水平是否存在显著差异，结果见表 4-53。独立样本 T 检验结果显示，性别在仁慈领导（$p < 0.05$）和威权领导（$p < 0.05$）上的差异达到显著

水平,表明男性与女性员工对这两种领导风格的感知存在显著差异。

表4-53 领导性别与家长式领导的独立样本T检验结果（N=369）

变量	性别	人数	均值	方差相等的Levene检验		平均数相等的T检验	
				显著概率	是否同质性	显著概率	均值差
仁慈领导	男	233	3.37	0.487	是	0.000	0.313
	女	136	3.05				
德行领导	男	233	3.91	0.041	否	0.207	0.102
	女	136	3.81				
威权领导	男	233	3.04	0.042	否	0.005	0.234
	女	136	2.80				

2）方差分析。

采用单因子方差分析方法,进行年龄、岗位年限、教育程度、岗位职级对员工评价的领导风格的影响差异检验,结果见表4-54。由于年龄、岗位年限F值显著且通过样本同质性检验,采用LSD检验法进行事后比较,由结果（见表4-55和表4-56）可知,不同年龄和岗位年限组别的员工所评价的家长式领导水平存在显著差异。

表4-54 年龄、教育程度、岗位职级与家长式领导的方差分析结果（N=369）

分组变量	因变量	方差同质性检验显著性	是否同质	F值	F值显著性
年龄	仁慈领导	0.142	是	2.855	0.000
	德行领导	0.146	是	1.436	0.222
	威权领导	0.676	是	2.104	0.080
岗位年限	仁慈领导	0.959	是	3.829	0.023
	德行领导	0.989	是	4.819	0.009
	威权领导	0.596	是	8.936	0.000

续表

分组变量	因变量	方差同质性检验显著性	是否同质	F 值	F 值显著性
教育程度	仁慈领导	0.013	否	6.232	0.000
	德行领导	0.139	是	2.812	0.039
	威权领导	0.064	是	2.852	0.037
岗位职级	仁慈领导	0.819	是	9.012	0.000
	德行领导	0.976	是	6.963	0.000
	威权领导	0.028	否	0.714	0.583

表 4-55　年龄与家长式领导事后比较结果（N=369）

因变量	算法	年龄（I）	年龄（J）	均值差（I-J）	均值差异显著性
仁慈领导	LSD	25 岁及以下	26～35 岁	0.444	0.021
			36～45 岁	0.557	0.004
			46～55 岁	0.800	0.000
			56 岁及以上	0.363	0.141

表 4-56　岗位年限与家长式领导事后比较结果（N=369）

因变量	算法	岗位年限（I）	岗位年限（J）	均值差（I-J）	均值差异显著性
仁慈领导	LSD	10 年及以下	11～20 年	0.163	0.137
			21 年及以上	0.267	0.008
德行领导	LSD	10 年及以下	11～20 年	0.041	0.699
			21 年及以上	0.298	0.002
威权领导	LSD	21 年及以上	10 年及以下	0.403	0.000
			11～20 年	0.378	0.002

表 4-54 方差分析结果显示，三个家长式领导维度在不同教育程度组别间的均值差异均存在显著差异（$p < 0.05$）。其中，不同教育程度员工对仁慈领导的评价存在方差异质性，故采用方差异质的事

后比较；而对德行领导与威权领导的评价满足方差齐性假设，采用 LSD 法进行事后比较，见表 4-57。

表 4-57　教育程度与家长式领导事后比较结果（N=369）

因变量	算法	教育程度（I）	教育程度（J）	均值差（I-J）	均值差异显著性
仁慈领导	Tamhane's T2	大专	中专（含高中）及以下	0.209	0.350
			本科	0.403	0.003
			研究生及以上	0.517	0.005
德行领导	LSD	大专	中专（含高中）及以下	0.061	0.617
			本科	0.244	0.021
			研究生及以上	0.322	0.030
威权领导	LSD	大专	中专（含高中）及以下	0.242	0.053
			本科	0.259	0.016
			研究生及以上	0.384	0.011

表 4-54 方差分析结果显示，不同岗位职级的员工对所评价的德行领导和威权领导水平表现出显著性差异（$p < 0.001$），由于其均值也满足方差同质性假设，采用 LSD 检验法进行事后比较，均值差异见表 4-58。

表 4-58　岗位职级与家长式领导事后比较结果（N=369）

因变量	算法	岗位职级（I）	岗位职级（J）	均值差（I-J）	均值差异显著性
仁慈领导	LSD	初级工	中级工	0.561	0.000
			高级工	0.451	0.000
			技师	0.461	0.014
			高级技师及以上	0.706	0.121

续表

因变量	算法	岗位职级（I）	岗位职级（J）	均值差（I-J）	均值差异显著性
德行领导	LSD	初级工	中级工	0.498	0.000
			高级工	0.382	0.000
			技师	0.336	0.069
			高级技师及以上	0.233	0.601

（4）员工情景约束

现有研究已经从年龄、任期和职级的角度分析对员工情景约束的影响。本章也采用以上三个人口学统计变量，以探索在样本中不同年龄、岗位年限和岗位职级的测井技术服务员工情景约束是否展现出差异。

1）独立样本 T 检验。

由表 4-59 结果可知，测井技术服务员工样本中的男性和女性在情景约束的表现上，不具有方差同质性。男性 233 人，女性 136 人，T 检验显著概率为 0.09，大于 0.05，未达到显著水平，表明情景约束水平在男女员工间无显著差异，性别变量对情景约束的影响不显著。

表 4-59 性别与员工情景约束的独立样本 T 检验结果（N=369）

变量	性别	人数	均值	方差相等的 Levene 检验		平均数相等的 T 检验	
				显著概率	是否同质性	显著概率	均值差
员工情景约束	男	233	2.70	0.044	否	0.093	0.156
	女	136	2.55				

2）方差分析。

单因子方差分析结果（表 4-60）显示，不同教育程度和岗位职级的员工情景约束水平无显著差异（$p > 0.05$）。对于 F 值显著且满足方差齐性假设的年龄和岗位年限变量，采用 LSD 法进行事后比较，均值差见表 4-61 和表 4-62。

表 4-60 年龄、教育程度、岗位职级与员工情景约束的方差分析结果（$N=369$）

因变量	分组变量	方差同质性检验显著性	是否同质	F 值	F 值显著性
员工情景约束	年龄	0.275	是	2.704	0.030
	教育程度	0.005	否	0.379	0.768
	岗位职级	0.010	否	2.313	0.057
	岗位年限	0.877	是	5.494	0.004

表 4-61 年龄与员工情景约束事后比较结果（$N=369$）

因变量	算法	年龄（I）	年龄（J）	均值差（I-J）	均值差异显著性
员工情景约束	LSD	26～35 岁	25 岁及以下	−0.634	0.767
			36～45 岁	−0.170	0.149
			46～55 岁	−0.274	0.023
			56 岁及以上	−0.596	0.005

表 4-62 岗位年限与员工情景约束事后比较结果（$N=369$）

因变量	算法	年限（I）	年限（J）	均值差（I-J）	均值差异显著性
员工情景约束	LSD	21 年及以上	10 年及以下	0.356	0.001
			11～20 年	0.319	0.020

一方面，基于以上 T 检验和方差分析结果，发现性别对工作资源、仁慈领导和威权领导均有显著影响；岗位职级对工作要求、工作资源、仁慈领导和德行领导均有显著影响；岗位年限对工作要求、

家长式领导的三个维度和员工情景约束均有显著影响。另一方面，以往研究指出，个体的心理控制源可以直接干扰其压力感知水平[213]，可能会对员工情景约束的水平造成影响。因此，在进行回归检验时，将测井技术服务员工性别、岗位职级和岗位年限以及内在心理控制源四个变量作为控制变量。

4.6.5 描述性统计及相关分析

对研究包含的变量进行描述性统计分析与相关分析，结果见表4-66。由分析结果可知，工作要求和员工情景约束显著正相关，相关系数为 0.426（$p<0.01$）。工作资源和员工情景约束显著正相关，相关系数为 0.111（$p<0.05$）。仁慈领导和德行领导均与员工情景约束显著负相关，相关系数分别为 -0.142（$p<0.01$）、-0.133（$p<0.05$）；威权领导与员工情景约束显著正相关，相关系数为 0.479（$p<0.01$）。相关分析结果大部分符合本章的假设，下面对变量之间的关系作进一步分析。

表 4-63　主要变量描述统计及相关分析结果（N=369）

变量	均值	标准差	1	2	3	4	5	6
工作要求	3.12	0.657	1					
工作资源	3.39	0.501	0.139**	1				
仁慈领导	3.36	0.834	−0.064	0.416***	1			
德行领导	3.87	0.787	−0.070	0.403***	0.524***	1		
威权领导	2.95	0.802	0.352***	0.060	−0.095	−0.185***	1	
情景约束	2.64	0.889	0.426***	0.111*	−0.142**	−0.133*	0.479***	1

注：*p（显著性水平）<0.05，**$p<0.01$，***$p<0.001$。

4.6.6 假设检验的回归结果分析

（1）主效应检验结果分析

鉴于本章为了梳理工作要求、工作资源、德行领导、道德领导和威权领导与员工情景约束之间的非线性关系，引入以上形成要素的平方项（X^2），性别均值（U_1），岗位职级均值（U_2），工龄均值（U_3）和内在心理控制源均值（U_4），i为常量，遵循公式4-1：

$$Y = i + b_1X + b_2X^2 + b_3U_1 + b_4U_2 + b_5U_3 + b_6U_4 \quad (4-1)$$

首先对主效应进行检验，将工作要求、工作资源、仁慈领导、德行领导和威权领导的平方项中心化处理后加入回归模型，发现 R^2 产生了显著变化，结果见表4-64。

通过11个层次回归模型分析测井技术服务员工情景约束的影响因素，其中模型1为仅含控制变量的基准模型。从模型2和3的结果可知，工作要求的平方项与测井技术服务员工情景约束之间的关系显著，模型拟合效果得到改善（$\Delta R^2=0.021, p<0.01$）。从模型4和5的结果可知，工作资源的平方项与测井技术服务员工情景约束之间的关系显著，模型拟合效果得到改善（$\Delta R^2=0.102, p<0.001$）。在家长式领导方面，模型6～7显示仁慈领导线性项（$b=-0.178, p<0.05$）与情景约束呈显著负相关（支持假设3），但其平方项不显著，说明仁慈领导的平方项无法改善模型拟合效果，两个变量之间不存在非线性关系。模型8～9和10～11分别证实德行领导（$\Delta R^2=0.014, p<0.05$）和威权领导（$\Delta R^2=0.009, p<0.05$）的平方项对情景约束具有显著影响。

为了进一步理清工作要求、工作资源、德行领导、威权领导与测井技术服务员工情景约束之间的非线性关系，需要画出变量之间

表 4-64 主效应检验结果（N=369）

模型 因变量	模型 1 SC	模型 2 SC	模型 3 SC	模型 4 SC	模型 5 SC	模型 6 SC	模型 7 SC	模型 8 SC	模型 9 SC	模型 10 SC	模型 11 SC
性别	-0.139	-0.166	-0.147	-0.115	0.139*	-0.178	-0.183	-0.154	-0.183	-0.034	-0.021
岗位职级	-0.04	-0.067	-0.049	-0.006	-0.069	-0.025	-0.021	-0.019	-0.028	0.043	0.047
工龄	0.163*	0.112*	0.116*	0.157***	0.097	0.147***	0.146***	0.147**	0.135*	0.056	0.057
内在心理控制源	-0.001	-0.011	-0.029	-0.078	-0.075	0.087	0.085	0.068	0.063	-0.021	-0.042
JD		0.577***	0.554***								
JD²			0.221**								
JR				0.213*	0.300**						
JR²					0.580***						
BL						-0.178**	-0.160*				
BL²							0.042				
ML								-0.155*	-0.218**		
ML²									-0.103*		
AL										0.520***	0.499***
AL²											0.1*
常数项	2.567***	2.858***	2.761***	2.829***	2.538***	2.388***	2.350***	2.397***	2.556***	2.583***	2.569***
F	2.907*	18.580***	17.510***	3.220***	10.181***	4.091***	3.538***	3.554***	3.885***	22.449***	19.555***
R^2	0.031	0.204	0.225	0.042	0.144	0.053	0.055	0.047	0.06	0.236	0.245
$A-R^2$	0.020	0.193	0.212	0.029	0.130	0.04	0.04	0.034	0.045	0.226	0.232
ΔR^2	0.031	0.204***	0.021**	0.042***	0.102***	0.053***	0.02	0.047**	0.014**	0.236***	0.009**
VIF	1.043	1.053	1.058	1.137	1.127	1.129	1.153	1.109	1.173	1.065	1.080

注：* $p < 0.05$，** $p < 0.01$，*** $p < 0.001$。JD 表示工作要求；JR 表示工作资源；BL 表示仁慈领导；ML 表示德行领导；AL 表示威权领导；SC 表示员工情景约束。

的关系图。工作要求与测井技术服务员工情景约束之间的关系，如图 4-2 所示。总体来讲，工作要求的提升会导致员工情景约束上升，而且随着工作要求的复杂程度增加，员工情景约束的上升速度也随之增加。工作要求与员工情景约束正相关，假设 H1 得到支持。

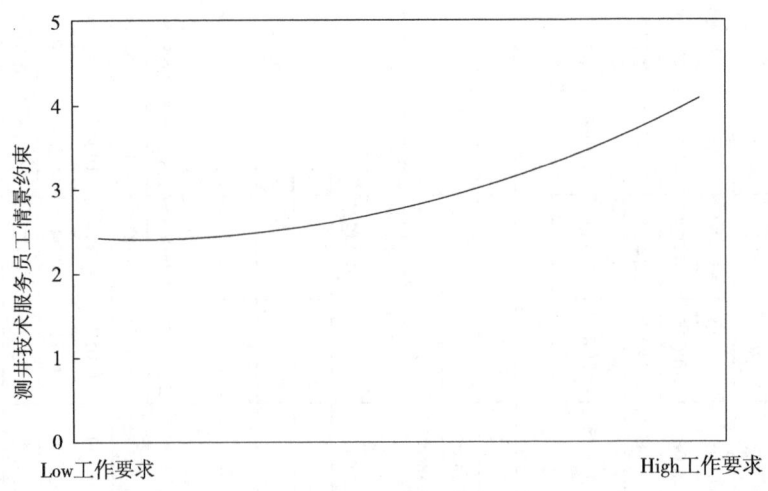

图 4-2　工作要求与测井技术服务员工情景约束的关系

回归模型已经证明工作资源与测井技术服务员工情景约束之间呈非线性关系，两者之间的曲线关系，如图 4-3 所示，一定的工作资源可以有效抑制员工情景约束，然而工作资源的持续增加最终会引起员工情景约束的增加。工作资源与员工情景约之间的关系呈 U 形，假设 H2 得到支持。

德行领导与测井技术服务员工情景约束之间的关系，如图 4-4 所示。德行领导水平的增加有助于效抑制员工情景约束，并且中至高水平的德行领导对员工情景约束的抑制作用更为显著。德行领导与员工情景约束负相关，假设 H4 得到支持。

第4章 测井技术服务员工情景约束形成机理研究

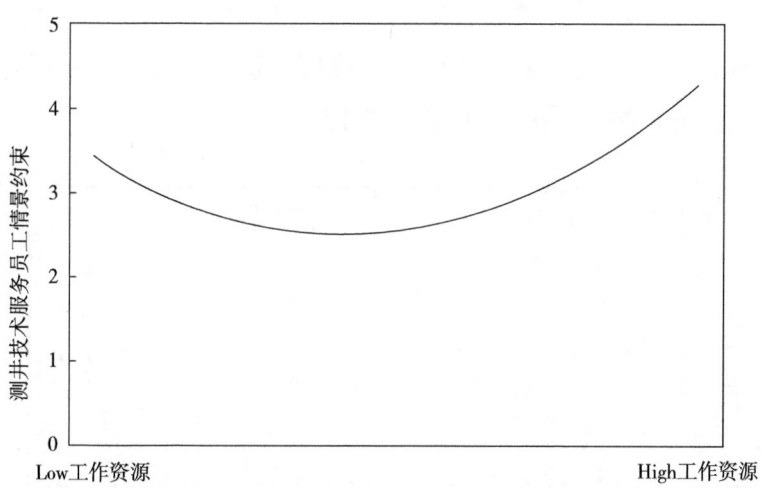

图 4-3 工作资源与测井技术服务员工情景约束的关系

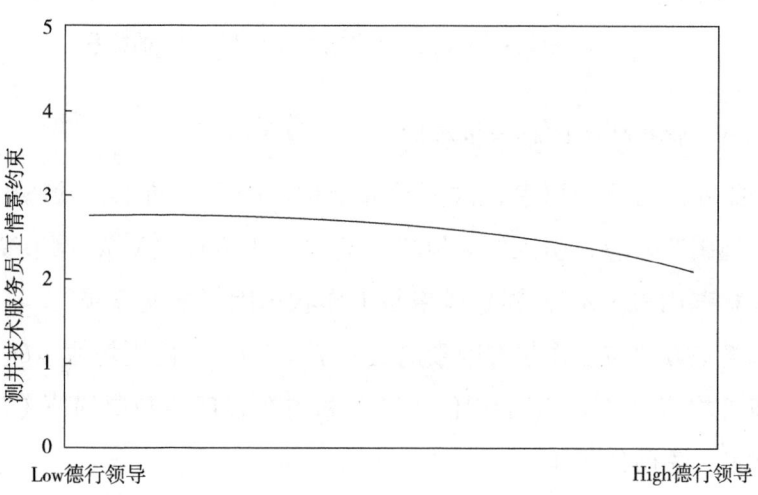

图 4-4 德行领导与测井技术服务员工情景约束的关系

威权领导与测井技术服务员工情景约束之间的关系如图 4-5 所示。威权领导水平的增加会导致员工情景约束上升，并且随着威权领导水平的增加员工情景约束上升速度变快。由此，威权领导与员工情景约束正相关，假设 H5 得到支持。

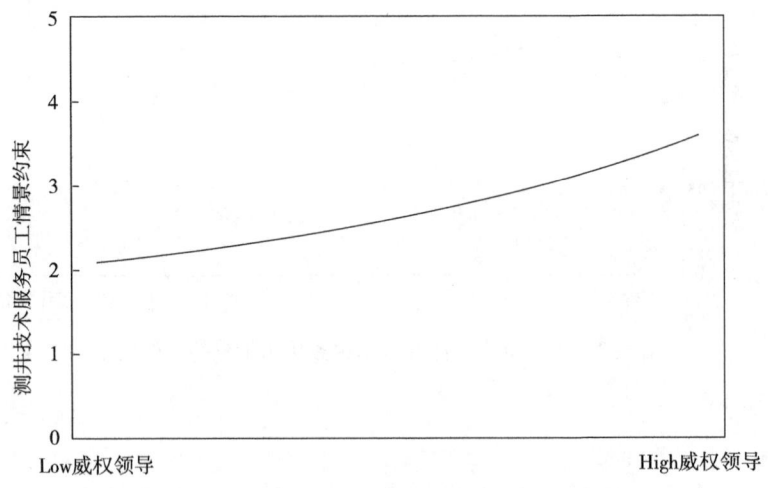

图 4-5　威权领导与测井技术服务员工情景约束的关系

（2）调节效应检验结果分析

此外，为梳理以家长式领导为结构、嵌入不同工作状态因素的曲线型调节效应，引入领导风格（X），其平方项（X^2），调节变量——工作状态因素（W），领导风格与工作状态因素的交互项（XW），领导风格平方项与工作状态因素的交互项（X^2W），性别均值（U_1），岗位职级均值（U_2），工龄均值（U_3）和内在心理控制源均值（U_4），i 为常量，遵循公式 4-2：

$$Y = i + b_1X + b_2X^2 + b_3W + b_4XW + b_5X^2W + b_6U_1 \\ + b_7U_2 + b_8U_3 + b_9U_4 \tag{4-2}$$

采用 Process24.0，表 4-65 中模型 12 为假设 H6a 的调节效应检验结果，调节变量为工作要求。仁慈领导与工作要求的交互项回归系数为 0.172（$p < 0.01$），因此工作要求对仁慈领导 – 测井技术服务员工情景约束的调节作用显著。根据回归数据绘制出调节效应图 4-6。结合回归分析的结果，在工作要求较低时，仁慈领导可以显著减轻员工情景约束（$p < 0.001$）。与此相比，在高工作要求下，仁慈领导与员工情景约束无显著关系，假设 H6a 得到支持。

表 4-65　仁慈领导 – 测井技术服务员工情景约束调节效应检验结果（N=369）

模型	模型 12	模型 13
因变量	情景约束	情景约束
性别	−0.202*	−0.142
岗位职级	−0.094*	−0.036
工龄	0.099	0.143**
内在心理控制源	0.050	0.014
BL	−0.171**	−0.236**
JD	0.546***	
BL × JD	0.172*	
JR		0.336**
BL × JR		0.336***
常数项	2.774***	2.560***
F	15.996***	7.208***
R^2	0.237	0.123
ΔR^2	0.013*	0.043***

注：*$p < 0.05$，**$p < 0.01$，***$p < 0.001$。JD 表示工作要求；JR 表示工作资源；BL 表示仁慈领导；× 表示交互项。

表 4-65 中模型 13 为假设 H6d 的调节效应检验结果，调节变量为工作资源。仁慈领导与工作资源的交互项回归系数为 0.336（$p < 0.01$），因此工作资源对仁慈领导 – 员工情景约束的调节作用显著。

根据回归数据绘制出调节效应，如图 4-7 所示。与工作资源充裕的情况相比，在工作资源匮乏时，仁慈领导水平的提升能更显著地缓解员工情景约束。研究结果与假设相反，假设 H6d 未得到支持。

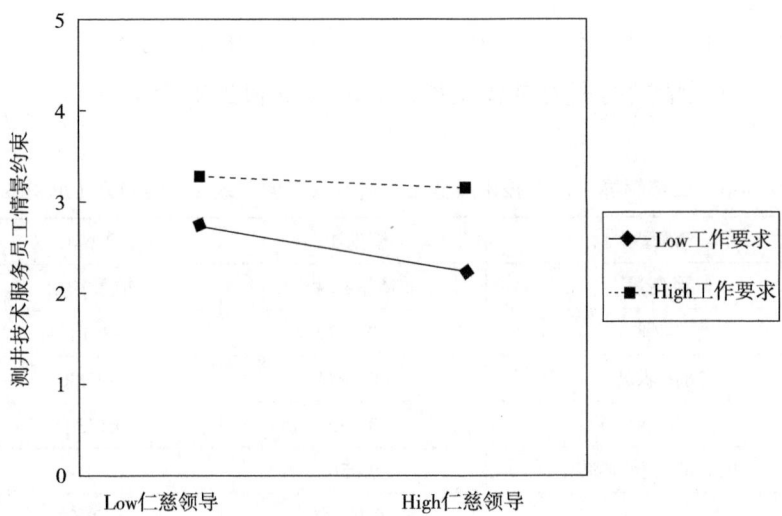

图 4-6　工作要求对仁慈领导 – 测井技术服务员工情景约束的调节效应

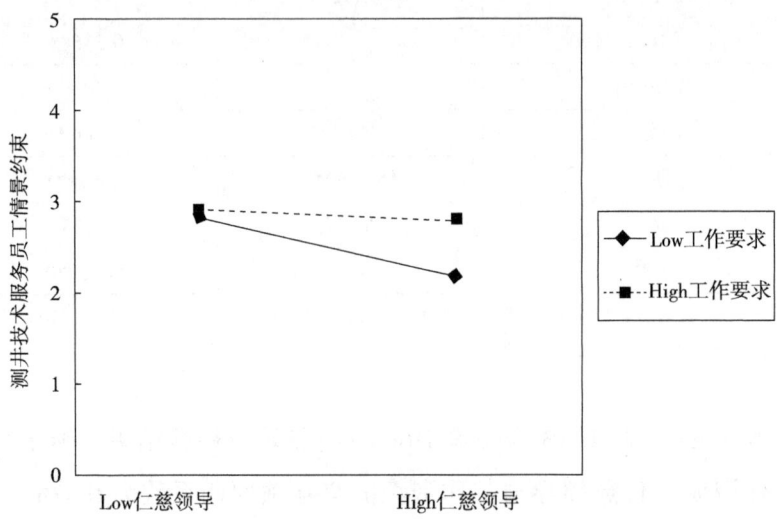

图 4-7　工作资源对仁慈领导 – 测井技术服务员工情景约束的调节效应

表 4-66 中模型 14 为假设 H6b 的调节效应检验结果，调节变量为工作要求。德行领导的平方项中心化处理后与工作要求的交互项回归系数为 0.136（$p<0.01$），因此工作要求对德行领导 – 测井技术服务员工情景约束的调节作用显著。根据回归数据绘制出调节效应图 4-8。结合回归分析的结果，当工作要求较低时，德行领导的水平提升可以削弱员工情景约束（$p<0.01$）；当工作要求高时，德行领导水平与员工情景约束的关系不显著，假设 H6b 得到支持。

表 4-66　德行领导 – 测井技术服务员工情景约束调节效应检验结果（$N=369$）

模型	模型 14	模型 15
因变量	情景约束	情景约束
性别	−0.195*	−0.124
岗位职级	−0.099*	−0.062
工龄	0.101*	0.136*
内在心理控制源	0.065	−0.032
ML	−0.201**	−0.306***
ML^2	−0.057	−0.214**
JD	0.430***	
ML × JD	0.133	
ML^2 × JD	0.136**	
JR		0.203
ML × JR		0.645***
ML^2 × JR		0.138*
常数项	2.756***	2.873***
F	12.485***	7.284***
R^2	0.238	0.154
ΔR^2	0.016*	0.011*

注：*$p<0.05$，**$p<0.01$，***$p<0.001$。JD 表示工作要求；JR 表示工作资源；ML 表示德行领导；× 表示交互项。

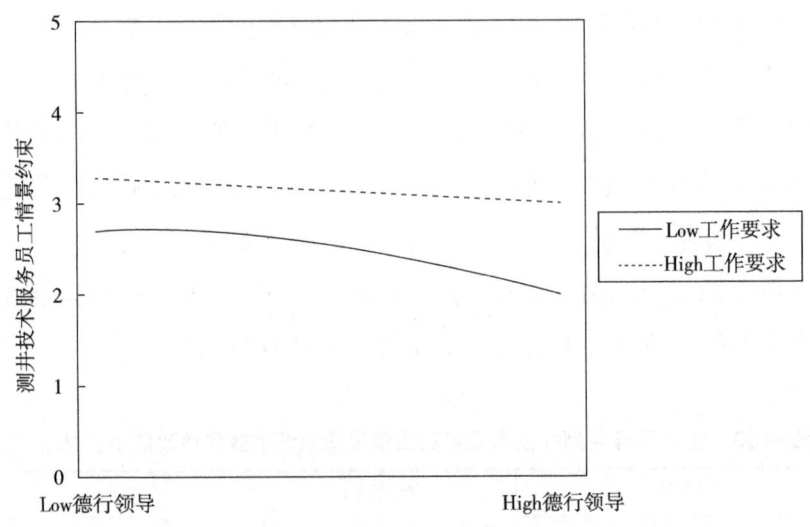

图 4-8　工作要求对德行领导 – 测井技术服务员工情景约束的调节效应

表 4-66 中模型 15 为假设 H6e 的调节效应检验结果，调节变量为工作资源。德行领导的平方项中心化处理后与工作资源的交互项回归系数为 0.138（$p < 0.05$），因此工作资源对德行领导 – 测井技术服务员工情景约束的调节作用显著。根据回归数据绘制出调节效应图 4-9。当工作资源较低时，德行领导的水平提升可以显著削弱员工情景约束；而当工作资源较充裕时，德行领导与员工约束感知之间的曲线更加平缓，削弱作用下降。研究结果与假设相反，假设 H6e 未得到支持。

表 4-67 中模型 16 为假设 H6c 的调节效应检验结果，调节变量为工作要求。威权领导的平方项与工作要求的交互项回归系数为 0.02（$p > 0.05$），因此工作要求对威权领导 – 测井技术服务员工情景约束的正向调节作用不显著，假设 H6c 未得到支持。表 4-67 中模型 17 为假设 H6f 的调节效应检验结果，调节变量为工作资源。威权领导的平方项与工作资源的交互项回归系数为 0.099（$p > 0.05$），因此工

作资源对威权领导 – 测井技术服务员工情景约束的正向调节作用不显著,假设 H6f 未得到支持。

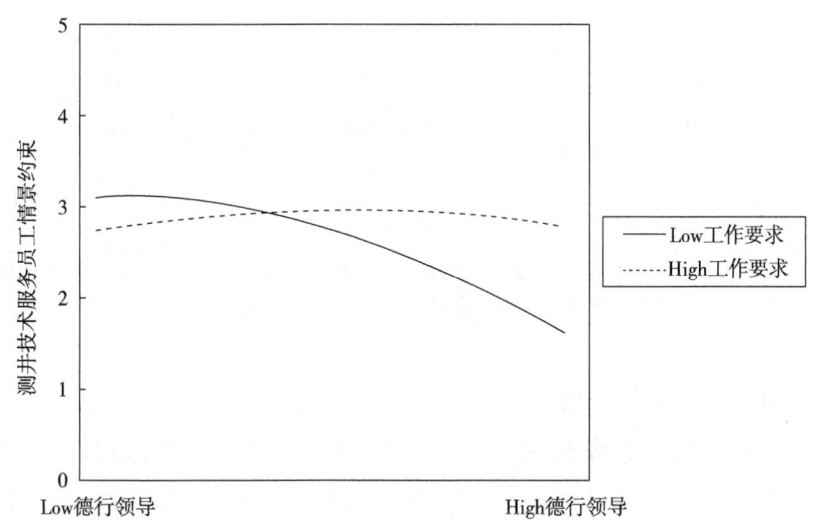

图 4-9　工作资源对德行领导 – 测井技术服务员工情景约束的调节效应

表 4-67　威权领导 – 情景约束调节效应检验结果（N=369）

模型	模型 16	模型 17
因变量	情景约束	情景约束
性别	−0.065	−0.010
岗位职级	0.001	0.046
工龄	0.044	0.059
内在心理控制源	−0.035	−0.092
AL	0.378***	0.479***
AL^2	0.014	0.059
JD	0.359***	
AL × JD	0.147*	
AL^2 × JD	0.020	
JR		0.024

续表

模型	模型16	模型17
AL × JR		0.071
AL² × JR		0.099
常数项	2.746***	2.746***
F	18.970***	14.232***
R^2	0.322	0.263
ΔR^2	0.0003	0.004

注：$* p < 0.05$，$*** p < 0.001$。JD表示工作要求；JR表示工作资源；AL表示威权领导；JD×JR表示工作要求与工作资源的交互项；×表示交互项。

（3）三项交互效应

本章还将探索家长式领导三维度与工作要求和工作资源的三维交互效应，引入领导风格（X），其平方项（X^2），调节变量-工作要求（W）与工作资源（Z），领导风格与工作要求、工作资源的交互项（XW、XZ），三者交互项（XYZ），领导风格平方项与工作要求、工作资源的交互项（X^2W、X^2Z），三者交互项（X^2WZ），性别均值（U_1），岗位职级均值（U_2），工龄均值（U_3）和内在心理控制源均值（U_4），i为常量，遵循公式4-3：

$$Y = i + b_1 X + b_2 X^2 + b_3 W + b_4 XW + b_5 Z + b_6 XZ + b_7 XWZ + b_8 X^2 W$$
$$+ b_9 X^2 Z + b_{10} X^2 WZ + b_{11} U_1 + b_{12} U_2 + b_{13} U_3 + b_{14} U_4 \quad (4-3)$$

表4-68中模型18是假设H6g的调节效应检验结果，探索工作要求与工作资源如何共同影响仁慈领导下测井技术服务员工的约束感知。三项交互的回归系数为0.220（$p < 0.05$）。将调节变量工作要求和工作资源分组进行比较，得到调节效应示意图4-10。对比低工作要求、高工作资源（$b=-0.272, t=-2.678, p < 0.01$），高工作要求、高工作资源（$b=-0.130, t=-1.473, p > 0.05$）和低工作要求、低工作

资源（b=-0.177, t=-1.864, $p > 0.05$）的组合，仁慈领导在高工作要求和低工作资源的情景下对员工情景约束的削弱作用最显著（b=-0.325, t=-3.555, $p < 0.01$）。由此，高工作要求、低工作资源下仁慈领导与员工情景约束的负向关系比低工作要求、高工作资源情景下显著，因此假设H6g未得到支持。

表4-68　家长式领工作要求与工作资源三项交互检验结果（N=369）

模型	模型 18	模型 19	模型 20
因变量	情景约束	情景约束	情景约束
性别	−0.185*	−0.142	−0.054
岗位职级	−0.087*	−0.092*	−0.002
岗位年限	0.101*	0.098*	0.035
IC	0.011	−0.041	−0.055
JD	0.424***	0.475***	0.370***
JR	0.104	−0.117	−0.139
BL	−0.226**		
BL × JD	−0.002		
BL × JR	0.051		
JD × JR	0.322**	0.664***	0.536**
BL × JD × JR	0.220**		
ML		−0.268***	
ML^2		−0.089	
ML × JD		−0.045	
ML × JR		0.405**	
JD × JR		0.664***	
JD × JR × ML		0.021	
ML^2 × JD		−0.087	
ML^2 × JR		0.265**	
ML^2 × JD × JR		−0.230**	

续表

模型	模型 18	模型 19	模型 20
AL			0.361***
AL^2			−0.045
JD × AL			0.226**
JR × AL			0.063
JD × JR			0.536**
JD × JR × AL			−0.018
AL^2 × JD			0.008
AL^2 × JR			0.237**
AL^2 × JD × JR			−0.240**
常数项	2.829***	2.996***	2.826***
F	12.882***	11.222***	13.305***
R^2	0.284	0.323	0.361
ΔR^2	0.015*	0.017**	0.013**

注：$* p < 0.05$，$** p < 0.01$，$*** p < 0.001$。JD 表示工作要求；JR 表示工作资源；AL 表示威权领导；× 表示交互项。

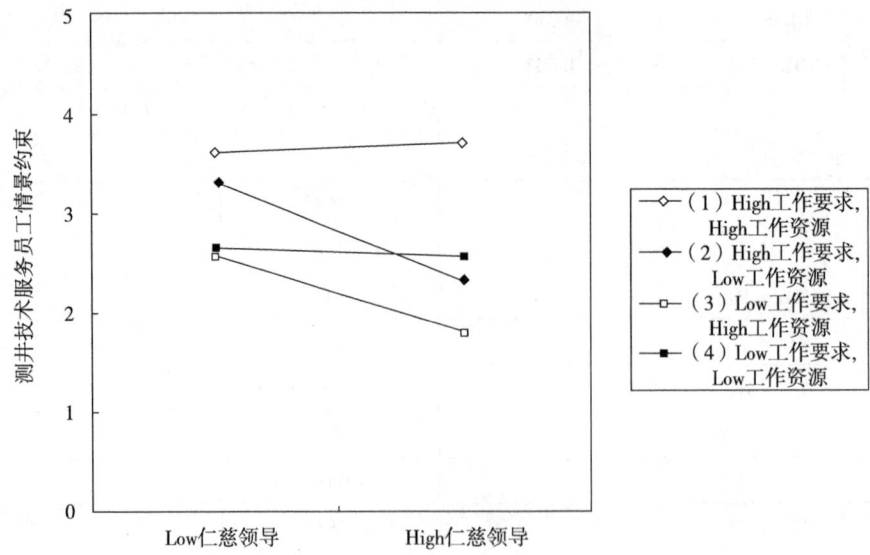

图 4-10 工作要求、工作资源与对仁慈领导 – 测井技术服务员工情景约束的调节效应

模型19是假设H6h的调节效应检验结果,探索工作要求与工作资源如何共同影响德行领导下测井技术服务员工的约束感知。三项交互的回归系数为−0.230($p<0.01$),将调节变量工作要求和工作资源分组进行比较,得到调节效应示意图4-11。对比高工作要求、高工作资源($b=-0.089, t=-0.887, p>0.05$),低工作要求、高工作资源情景($b=0.178, t=1.742, p>0.05$)和低工作要求和低工作资源情景($b=-0.239, t=-3.844, p<0.01$),在高工作要求和低工作资源($b=-0.203, t=-2.373, p<0.05$)的组合下德行领导对员工情景约束的削弱作用最显著。在低工作要求、高工作资源情景下,德行领导对员工情景约束的作用并不显著,因此假设H6h未得到支持。

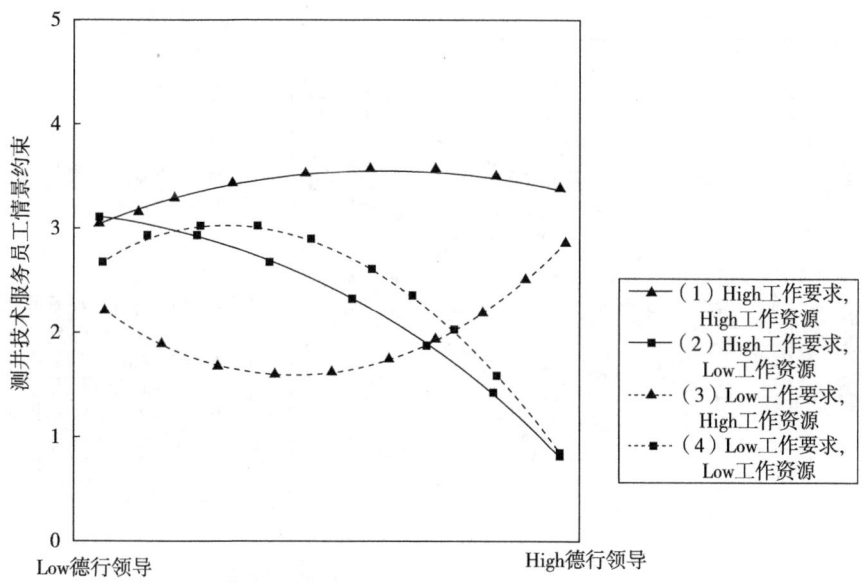

图4-11 工作要求、工作资源与对德行领导–测井技术服务员工情景约束的调节效应

模型 20 是假设 H6i 的调节效应检验结果，探索工作要求与工作资源如何共同影响威权领导下测井技术服务员工的情景约束。三者交互的回归系数为 -0.240（$p < 0.05$），将调节变量工作要求和工作资源分组进行比较，得到调节效应示意图 4-12。在低工作要求和低工作资源的组合下（$b=-0.247, t=-2.443, p < 0.05$），一定水平的威权领导会导致员工情景约束上升，但随着威权领导水平的不断增加最终可以削弱员工情景约束。在低工作要求、高工作资源组合（$b=0.149, t=1.688, p > 0.05$），高工作要求和低工作资源（$b=-0.079, t=-0.859, p > 0.05$）组合与高工作要求和高工作资源（$b=0.0001, t=0.0009, p > 0.05$）组合下，威权领导对员工情景约束的影响不显著，因此假设 H6i 未得到支持。

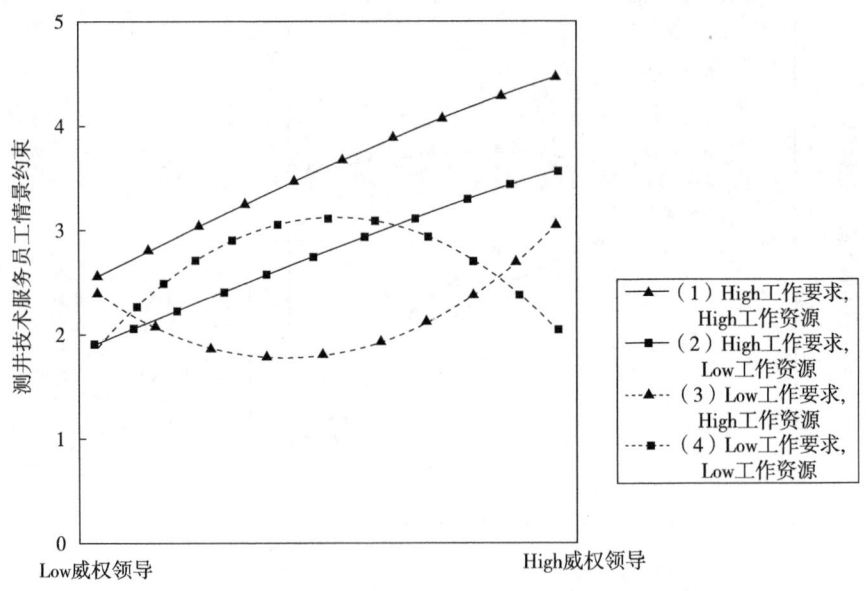

图 4-12　工作要求、工作资源与对威权领导 – 测井技术服务员工情景约束的调节效应

4.7 研究稳健性检验

结构方程模型是一种统计方法，用于探究变量之间的关系，它结合了因果关系模型和多变量统计分析技术，能够同时估计观测指标之间和潜在变量之间的关系[214]。结构方程模型中的误差可能会对研究结果产生影响。通过进行稳健性检验，可以识别和评估这些误差的潜在影响，并验证模型结果是否具有稳定性。因此，作者利用结构方程模型对研究假设进行检验，分析结果将与之前的回归分析结果进行对比，以判断研究结果的可信度。

4.7.1 检验准备

本研究涉及的研究变量，分别为工作要求、工作资源、仁慈领导、德行领导、威权领导和测井技术服务员工情景约束。在进行结构模型分析之前，对单个变量的测量模型进行统计检验，每个变量的测量模型拟合度以及对应题项的因子载荷均在第4章进行检验，符合检验标准，因此也符合后续的结构方程模型分析的标准。

结构方程模型在探索潜变量和观测变量之间的关系时，通常会使用多个观测变量来衡量同一个潜变量。此时，项目打包可以将这些观测变量打包成一个单一的指标，减少观测变量之间的相关性，从而避免了潜在的共线性问题。而且项目打包可以减少模型中的观测变量数量，使得模型更加简洁。尽管工作要求和工作资源题项较多，但两个构念均不是严格意义上的单维；员工情景约束9个题项，符合单维、同质的条件。为了简化模型，选用平衡法对员工情景约束进行项目打包。根据因子分析，将题目按负荷大小由高至低排列，再按照缩小组间差异的方式排列、打包[215]。所有变量的模型拟合度均在第4章中经过检测，拟合程度均在较好，删除不符合检验标准的题项后各变量测量值符合正态分布，符合回归分析的要求。

4.7.2 检验结果

（1）主效应模型拟合及假设检验

运用结构方程模型分析技术，采用极大似然估计，对模型拟合情况进行检验，检验结果见表4-69。由检验结果可知，工作要求与员工情景约束的模型（JD→SC）拟合指标（x^2=327.256，df=75，CFI=0.903，TLI=0.865，RMSEA=0.096，SRMR=0.043）基本符合模型指标的检验标准。工作资源与员工情景约束的模型（JR→SC）拟合指标（x^2=333.662，df=75，CFI=0.902，TLI=0.863，RMSEA=0.097，SRMR=0.042）基本符合模型指标的检验标准。仁慈领导与员工情景约束的模型（BL→SC）拟合指标（x^2=309.624，df=67，CFI=0.906，TLI=0.872，RMSEA=0.099，SRMR=0.045）符合模型指标的检验标准。德行领导与员工情景约束的模型（ML→SC）拟合指标（x^2=340.369，df=75，CFI=0.900，TLI=0.860，RMSEA=0.098，SRMR=0.043）基本符合模型指标的检验标准。威权领导与员工情景约束的模型（AL→SC）拟合指标（x^2=326.285，df=75，CFI=0.905，TLI=0.867，RMSEA=0.095，SRMR=0.043）基本符合模型指标的检验标准。整体而言，主效应模型拟合程度较好。

表4-69 主效应拟合模型指标

拟合度指标	关键值（建议值）	JD→SC	JR→SC	BL→SC	ML→SC	AL→SC
MLM	越小越好	327.256	333.662	309.624	340.369	326.285
df	越大越好	75	75	67	75	75
CFI	> 0.9	0.903	0.902	0.906	0.900	0.905
TLI	> 0.9	0.865	0.863	0.872	0.860	0.867

续表

拟合度指标	关键值（建议值）	JD→SC	JR→SC	BL→SC	ML→SC	AL→SC
RMSEA	< 0.08	0.096	0.097	0.099	0.098	0.095
SRMR	< 0.08	0.043	0.042	0.045	0.043	0.043

注：JD 表示工作要求；JR 表示工作资源；BL 表示仁慈领导；ML 表示德行领导；AL 表示威权领导；SC 表示测井技术服务员工情景约束。

运用结构方程模型，对员工情景约束的关键影响因素进行分析，模型检验结果见表 4-70。工作要求至员工情景约束的非标准化路径系数为 0.217，显著性为 $p < 0.01$，检验结果显示假设 H1 成立，工作要求的平方项与员工情景约束显著相关。工作资源的平方项至员工情景约束的非标准化路径系数为 0.565，显著性为 $p < 0.01$，检验结果显示假设 H2 成立，工作资源与员工情景约束显著相关。仁慈领导至员工情景约束的非标准化路径系数为 –0.168，显著性为 $p < 0.01$，检验结果显示假设 H3 成立，仁慈领导与员工情景约束显著相关。德行领导的平方项至员工情景约束的非标准化路径系数为 –0.093，显著性为 $p < 0.05$，检验结果显示假设 H4 成立，德行领导与员工情景约束显著相关。威权领导至员工情景约束的非标准化路径系数为 0.097，显著性为 $p < 0.05$，检验结果显示假设 5 成立，威权领导与员工情景约束显著相关。主效应的检验结果，与多元回归分析假设检验结果一致。

表 4-70　主效应的 SEM 假设检验非标准化结果

因变量	自变量	系数	标准误差	显著性	R-SQUARE
员工情景约束	工作要求（平方项）	0.217	0.065	***	0.246
员工情景约束	工作资源（平方项）	0.565	0.088	***	0.158
员工情景约束	仁慈领导	–0.168	0.058	0.004	0.059
员工情景约束	德行领导（平方项）	–0.093	0.042	0.027	0.065
员工情景约束	威权领导（平方项）	0.097	0.046	0.036	0.269

注：*** $p < 0.001$。

（2）调节模型拟合及假设检验

运用结构方程模型分析，采用极大似然估计，对模型拟合情况进行检验，检验结果见表 4-71。由检验结果可知，工作要求在仁慈领导与员工情景约束之间构成的调节模型（BL×JD）拟合指标（x^2=330.789，df=83，CFI=0.908，TLI=0.867，RMSEA=0.090，SRMR=0.041）符合模型指标的检验标准，测量数据模型拟合程度较好。工作资源在仁慈领导与员工情景约束之间构成的调节模型（BL×JR）拟合指标（x^2=335.819，df=83，CFI=0.907，TLI=0.866，RMSEA=0.091，SRMR=0.040）符合模型指标的检验标准，测量数据模型拟合程度较好。工作要求在德行领导与员工情景约束之间构成的调节模型（ML×JD）拟合指标（x^2=390.420，df=99，CFI=0.905，TLI=0.853，RMSEA=0.089，SRMR=0.039）符合模型指标的检验标准，测量数据模型拟合程度较好。

表 4-71　调节效应研究模型拟合指标

拟合度指标	关键值（建议值）	BL×JD	BL×JR	ML×JD	ML×JR	AL×JD	AL×JR
MLM	越小越好	330.789	335.819	390.420	380.196	354.096	384.976
df	越大越好	83	83	99	99	99	99
CFI	>0.9	0.908	0.907	0.905	0.919	0.918	0.911
TLI	>0.9	0.867	0.866	0.853	0.874	0.874	0.862
RMSEA	<0.08	0.090	0.091	0.089	0.088	0.084	0.089
SRMR	<0.08	0.041	0.040	0.039	0.039	0.037	0.038

注：JD 表示工作要求；JR 表示工作资源；BL 表示仁慈领导；ML 表示德行领导；AL 表示威权领导；SC 表示测井技术服务员工情景约束。

工作资源在德行领导与员工情景约束之间构成的调节模型（ML×JR）拟合指标（x^2=380.196，df=99，CFI=0.919，TLI=0.874，RMSEA=0.088，SRMR=0.039）符合模型指标的检验标准，测量数据模型拟合程度良好。工作要求在威权领导与员工情景约束之间构成的调节模型（AL×JD）拟合指标（x^2=354.096，df=99，CFI=0.918，TLI=0.874，RMSEA=0.084，SRMR=0.037）符合模型指标的检验标准，测量数据模型拟合程度较好。工作资源在威权领导与员工情景约束之间构成的调节模型（AL×JR）拟合指标（x^2=384.976，df=99，CFI=0.911，TLI=0.862，RMSEA=0.089，SRMR=0.038）符合模型指标的检验标准，测量数据模型拟合程度较好。

运用结构方程模型，进行调节应模型进行稳健性检验，检验结果见表4-72。由表中的检验结果可知，在调节模型中，工作要求与仁慈领导的交互项路径系数为 0.168，$p < 0.01$，达到显著水平，说明工作要求在仁慈领导与测井技术服务员工情景约束之间具有调节作用，假设 H6a 得到支持。工作要求与德行领导（平方项）的交互项路径系数为 0.128，$p < 0.01$，达到显著水平，说明工作要求对德行领导与员工情景约束之间的关系具有调节作用，假设 6b 得到支持。工作要求与威权领导（平方项）的交互项路径系数为 0.020，$p > 0.05$，未达到显著水平，说明工作要求对威权领导与员工情景约束之间的关系不具有调节作用，假设 H6c 未得到支持。

表 4-72 调节效应非标准化检验结果

因变量	自变量	路径系数	SE	P-Value
员工情景约束	仁慈领导	−0.161	0.052	0.002
	工作要求	0.520	0.065	***
	二者交互项	0.168	0.065	0.009
员工情景约束	仁慈领导	−0.224	0.059	***
	工作资源	0.325	0.098	***
	二者交互项	0.321	0.076	***

续表

因变量	自变量	路径系数	SE	P-Value
员工情景约束	德行领导（平方项）	−0.051	0.039	0.197
	工作要求	0.413	0.078	***
	二者交互项	0.128	0.047	0.007
员工情景约束	德行领导（平方项）	−0.196	0.051	***
	工作资源	0.199	0.109	0.069
	二者交互项	0.131	0.059	0.027
员工情景约束	威权领导（平方项）	0.017	0.048	0.718
	工作要求	0.339	0.075	***
	二者交互项	0.020	0.050	0.688
员工情景约束	威权领导（平方项）	0.058	0.048	0.225
	工作资源	0.030	0.107	0.778
	二者交互项	0.093	0.065	0.153

注：*** $p < 0.001$。

工作资源与仁慈领导的交互项路径系数为 0.321，$p < 0.001$，达到显著水平，说明工作资源在仁慈领导与员工情景约束之间具有调节作用，假设 H6d 得到支持。工作资源与德行领导（平方项）的交互项路径系数为 0.131，$p < 0.05$，达到显著水平，说明工作资源对德行领导与员工情景约束之间的关系具有调节作用，假设 H6e 得到支持。工作资源与威权领导（平方项）的交互项路径系数为 0.093，$p > 0.05$，未达到显著水平，说明工作资源对威权领导与员工情景约束之间的关系不具有调节作用，假设 H6f 未得到支持。调节效应的检验结果，与多元回归分析假设检验结果一致。

（3）三项交互模型拟合及假设检验

运用结构方程模型分析，采用极大似然估计，对模型拟合情况进行检验，检验结果见表 4-73。由检验结果可知，工作要求联合工作资源在仁慈领导与测井技术服务员工情景约束之间构成有三项交互模型（BL×JD×JR），拟合指标（x^2=347.697，df=83，CFI=0.915，TLI=0.878，RMSEA=0.093，SRMR=0.038）符合模型指标的检验标准，测量数据模型拟合程度较好。工作要求联合工作资源在德行领导与员工情景约束之间构成有调节的调节模型（ML×JD×JR），拟合指标（x^2=435.450，df=115，CFI=0.940，TLI=0.900，RMSEA=0.087，SRMR=0.038）符合模型指标的检验标准，测量数据与模型拟合程度良好。工作要求联合工作资源在威权领导与员工情景约束之间构成有调节的调节模型（AL×JD×JR），拟合指标（x^2=399.774，df=115，CFI=0.945，TLI=0.910，RMSEA=0.082，SRMR=0.034）符合模型指标的检验标准，测量数据与模型拟合程度良好。

表 4-73 调节效应研究模型拟合指标

拟合度指标	关键值（建议值）	BL×JD×JR	ML×JD×JR	AL×JD×JR
MLM	越小越好	347.697	435.450	399.774
df	越大越好	83	115	115
CFI	> 0.9	0.915	0.940	0.945
TLI	> 0.9	0.878	0.900	0.910
RMSEA	< 0.08	0.093	0.087	0.082
SRMR	< 0.08	0.038	0.038	0.034

运用结构方程模型，对三项交互效应进行检验，检验结果见表 4-74。由检验结果可知，在三项交互效应模型中，工作要求、工作资源与仁慈领导的交互项路径系数为 0.208，$p < 0.05$，达到显著水平，说明工作要求和工作资源在仁慈领导与员工情景约束之间具有调节作用，假设 H6a 得到支持。工作要求、工作资源与德行领导平方项的交互项路径系数为 –0.220，$p < 0.01$，达到显著水平，说明工

作要求和工作资源对德行领导与员工情景约束之间的关系具有调节作用，假设 H6b 得到支持。工作要求、工作资源与威权领导平方项的交互项路径系数为 -0.231，$p < 0.05$，达到显著水平，说明工作要求和工作资源对威权领导与员工情景约束之间的关系具有调节作用，假设 H6c 得到支持。调节的调节效应的检验结果，与多元回归分析假设检验结果一致。

表 4-74　调节效应非标准化检验结果

因变量	自变量	路径系数	SE	P-Value
员工情景约束	仁慈领导	−0.196	0.052	***
	工作要求	0.396	0.067	***
	工作资源	0.126	0.090	0.161
	三者交互项	0.208	0.076	0.006
员工情景约束	德行领导（平方项）	−0.069	0.054	0.203
	工作要求	0.461	0.078	***
	工作资源	−0.096	0.104	0.358
	三者交互项	−0.220	0.074	0.003
员工情景约束	威权领导（平方项）	−0.041	0.053	0.437
	工作要求	0.353	0.072	***
	工作资源	−0.141	0.100	0.160
	三者交互项	−0.231	0.083	0.005

注：*** $p < 0.001$。

4.8　研究结果

本章围绕测井技术服务员工情景约束的形成机理，共提出 14 个假设，以 369 名测井技术服务员工样本数据进行检验，结果见表 4-75。首先，使用多元回归分析，对研究模型中变量之间的关

第4章 测井技术服务员工情景约束形成机理研究

系进行假设检验。随后使用结构方程模型，对研究变量之间的关系进行模型拟合与假设检验，继而对研究结论进行检验。结构方程模型对研究假设的检验结果与回归分析结果一致，说明研究模型及检验结果具有较好的稳健性。研究结果表明：工作要求、工作资源和家长式领导都是测井技术服务员工情景约束的关键影响因素。工作要求和工作资源可以分别调节仁慈领导和德行领导与测井技术服务员工情景约束之间的关系。工作要求和工作资源可以共同调节家长式领导三维度与测井技术服务员工情景约束之间的关系。测井技术服务员工情景约束的形成要素及其作用路径，如图4–12所示。

表4–75 测井技术服务员工情景约束形成机理研究假设检验结果

假设	假设内容	检验结果
H1	工作要求与测井技术服务员工情景约束之间呈正相关	支持
H2	工作资源与测井技术服务员工情景约束之间的关系呈U形	支持
H3	仁慈领导与测井技术服务员工情景约束之间呈负相关	支持
H4	德行领导与测井技术服务员工情景约束之间呈负相关	支持
H5	威权领导与测井技术服务员工情景约束之间呈正相关	支持
H6a	工作要求负向调节仁慈领导与测井技术服务员工情景约束之间的负向关系，即仁慈领导对员工情景约束的负向影响在工作要求低时更为显著	支持
H6b	工作要求负向调节德行领导与测井技术服务员工情景约束之间的负向关系，即德行领导对员工情景约束的负向影响在工作要求低时更为显著	支持

续表

假设	假设内容	检验结果
H6c	工作要求正向调节威权领导与测井技术服务员工情景约束之间的正向关系，即威权领导对员工情景约束的正向影响在工作要求高时更为显著	不支持（无显著调节效应）
H6d	工作资源正向调节仁慈领导与测井技术服务员工情景约束之间的负向关系，即仁慈领导对员工情景约束的负向影响在工作资源高时更为显著	不支持（工作资源负向调节仁慈领导与测井技术服务员工情景约束之间的负向关系，即仁慈领导对员工情景约束的负向影响在工作资源低时更为显著）
H6e	工作资源正向调节德行领导与测井技术服务员工情景约束之间的负向关系，即德行领导对员工情景约束的负向影响在工作资源高时更为显著	不支持（工作资源负向调节德行领导与测井技术服务员工情景约束之间的负向关系，即德行领导对员工情景约束的负向影响在工作资源低时更为显著）
H6f	工作资源负向调节威权领导与测井技术服务员工情景约束之间的正向关系，即威权领导对员工情景约束的正向影响在工作资源低时更为显著	不支持（无显著调节效应）
H6g	仁慈领导、工作要求与工作资源对测井技术服务员工情景约束存在三维交互关系。当工作要求低并且工作资源高时，仁慈领导与员工情景约束的负向关系最强	不支持（高工作要求和低工作资源的组合下仁慈领导对员工情景约束的削弱作用最显著）
H6h	德行领导、工作要求与工作资源对测井技术服务员工情景约束存在三维交互关系。当工作要求低并且工作资源高时，德行领导与员工情景约束的负向关系最强	不支持（高工作要求和低工作资源的组合下德行领导的提升对员工情景约束的削弱作用最显著）
H6i	威权领导、工作要求与工作资源对测井技术服务员工情景约束存在三维交互关系。当工作要求高并且工作资源低时，威权领导与员工情景约束的正向关系最强	不支持（在低工作要求和低工作资源的组合下，威权领导水平的提升会导致员工情景约束先上升再下降）

现有研究大多集中于工作要求和结果变量之间的线性关系，以至于忽略了他们之间潜在的非线性关系[216]。仅研究线性关系使得学者对工作要求影响的理解过于简单化。Schaufeli 和 Taris 确实指出，未来的研究应探索工作要求-资源模型框架下概念之间的动态关系[217]。实际上，已有研究证实，任务复杂度等工作要求与员工的心理和生理状态之间呈非线性关系；任务的复杂程度上升会导致员工的烦躁情绪和身体疲劳快速增加[218]。本章也证实了这一点：工作要求的增加使得测井技术服务员工的约束感知加速上升。本章关于家长式领导三维度与员工情景约束之间关系的发现也不同于以往领导行为与结果变量之间的线性关系。Pierce 和 Aguinis 指出，当领导力与结果变量之间的关系呈非线性时，二者之间的关系可能最终会趋于平稳，甚至改变方向[219]。Cho 等人的研究中发现，消极领导行为与员工的工作满意度之间呈非线性，即下属对领导消极行为的反应在不同情境下并不一致；随着消极领导行为的增加，下属的工作满意度加速下降[220]。Bednall 等的研究中变革型领导与员工创新行为亦呈现非线性关系，变革型领导力的提升使知识共享的水平快速提升[221]。本章的研究结果亦验证了这一点，在不同工作状态的组织情境下，家长式领导与测井技术服务员工情景约束之间的关系不一致，且会发生变化。

本章发现工作要求和工作资源无法调节威权领导与员工情景约束之间的正向关系。Fiedler 的权变理论提出，独裁领导在控制力极低或极高的情况下最有效[222]。工作要求促使个体投入更多精力来完成工作任务，而工作资源则补充这些精力的流失。本章的研究结果说明，二者独立存在可能无法显著提升或削弱威权领导者在员工价值观、组织规范等方面的控制力度，威权领导对员工的影响可能还受其他因素的影响，如组织文化、团队氛围。此外，本章发现，仁慈领导与德行领导对员工情景约束的抑制作用在工作资源低时更为显著。Schaufeli 和 Taris 分析了工作要求–资源模型的拓展，指出一定程度的刺激源对个体有益，但刺激水平过高则可能成为压力源，导致员工工作倦怠并负向影响其表现。现有研究往往将这种刺激源理解为工作要求，研究结果反复验证了工作要求对健康的损害以及工作资源的激励效应[217]。随着员工在工作中拥有更多的资源，他们对工作的期望也会随之提升，更容易感受到来自环境和领导者的约束性条件。虽然工作资源可以为员工提供更多的支持，但同时也向他们施加了诸多压力。本章的研究结果指出刺激水平过高的工作资源可能会转化为压力源，干扰领导者发挥的积极作用。

在不同工作要求和资源的组合下，家长式领导与测井技术服务员工情景约束之间的关系表现出差异。在高工作要求和低工作资源的组合中，仁慈领导和德行领导均对员工情景约束具有抑制作用。与之相反，在低工作要求和低工作资源的组合下，德行领导对测井技术服务员工情景约束表现出倒 U 形影响，即随着德行领导的加强，员工的约束感加剧。这说明在高工作要求与低工作资源的挑战性情境下，仁慈领导和德行领导的提升为员工提供了明确的方向和及时的指导，帮助他们更好地解决问题并保持工作动力。然而，在低工作要求和低工作资源的情境下，员工可能会因缺乏挑战、工作内容单调或资源匮乏而感到缺乏动力；此时，过度强调领导风格发挥的作用可能会给员工带来更多的期望和责任，产生负面效果。同时，以上结果还说明，仁慈领导和德行领导在缓解员工压力感知时的表现效果存在差异，证明以往研究将仁慈领导和德行领导笼统归为同一类领导风格的结论是不准确的。

这与以往的研究结果有所不同。Bakker 等发现高工作要求和高工作资源的组合可以激发员工的任务享受和组织承诺[223]；Karasek 的主动学习理论也提出,当高资源与高要求相结合时,员工的表现会非常出色[224]。这些文献展现出,只要员工拥有足够的工作资源,高工作要求只会促使人们充分利用资源并且迅速成长。但本章证实了,即使测井技术服务员工在充分资源下有着高动机水平,仁慈领导和德行领导的加入也无法削弱他们的约束感知。整体来看,仁慈和德行领导在日常管理中展现的控制力很可能会限制测井技术服务员工的自主性,例如无法根据现场状况调整测井施工路线,或无法自行与其他共同作业的油田工程技术服务队伍进行协调,导致他们难以发挥最大潜能。

(1)基于需求-供给不匹配的形成路径

个人-环境匹配理论用于解释个体与环境之间的匹配关系。需求-供给匹配关注个体对环境需求和环境提供的资源(供给)之间的匹配情况[204]。个体的需求可以包括社会交往、成就感和自主权等方面,而环境的供给则涉及社会支持、学习机会和工作资源等。当个体能够在环境中获得满足其需求的资源时,就称为需求-供给匹配。这种匹配可以促进个体的积极适应和心理健康。相反,如果环境无法满足个体的需求,就会出现需求-供给不匹配,可能导致适应不良和不满足感。具体而言,仁慈领导在高工作资源下对员工情景约束的抑制作用不如在低工作资源下显著。当员工无法从工作中获得充足的工作自主性、社会支持和绩效反馈时,仁慈领导(供给)对员工约束感知的抑制作用显得尤为重要。然而,在高工作要求和低工作资源的组合下,仁慈领导对员工情景约束的抑制作用显著,超出低工作要求和高工作资源的组合。这凸显了测井技术服务员工所获得的工作资源与领导资源(供给)和工作要求(需求)之间的显著不匹配。员工获得的供给始终无法满足他们应对的工作要求,工作环境需求与不匹配的资源之间的相互作用形成了员工情景约束。

与仁慈领导类似，德行领导在高水平工作资源下对员工情景约束的抑制作用显著减弱。本章发现，相比工作自主性、社会支持和绩效反馈等工作资源匮乏的员工，资源充沛的情景下，德行领导无法明显抑制员工情景约束。德行领导强调工作的道德准则，通过公正的决策引导员工的道德行为和价值观。在管理过程中，领导者通常会设定较高的道德标准，员工不仅要在工作表现上要出色，还要在道德和价值观方面作出表率。他们需要不断对自己的行为和决策持续进行道德评估，这种领导者施加的额外要求（需求）可能会给员工带来心理压力。工作资源（供给）越充裕，员工在高水平的道德标准下利用这些资源的必要性越高，从而需要在供给和道德需求之间做出选择，进而产生约束感知。

以上基于需求 – 供给不匹配的测井技术服务员工情景约束形成路径突出了以下两种不平衡的状态。首先，需求与供给之间可能会出现数量不平衡。这种不平衡可能表现为需求超出供给导致短缺，或供给超出需求导致过剩。一方面，在测井技术服务企业中，仁慈领导和德行领导指导的工作可能过度强调人的情感和道德，忽视了有效激励和约束机制的建立。当员工的工作资源无法弥补组织中僵硬的奖惩机制时，员工的工作积极性和创造力均可能会受到限制。在我国测井技术服务企业中，员工完成一口井的作业后所得奖金并不固定、不透明，因为个人所得还取决于小队长的分配以及作业区域的井数。当工作资源与领导风格并无法相互补充并改善制度问题时，测井任务数量和复杂程度的上升只会加剧二者之间的矛盾。另一方面，过多的工作资源可能导致供给过剩和资源浪费，员工可能习惯于过度依赖资源，而不主动寻求不同领导风格下的问题解决方法，缺乏对任务的紧迫性和重要性的认识。此外，充裕的工作资源对领导者的资源分配和管理能力提出了更高的要求，供给过剩还可能增加资源分配不当的风险。

其次，需求与供给之间可能还会出现时间上的不协调，根据本章的数据分析结果可知，仁慈领导、德行领导和工作资源均在特定情境下能够有效抑制测井技术服务员工情景约束，但工作资源出现在不需要的时间依然会形成需求-供给的不匹配。例如，在测井技术服务企业中德行领导关注员工的工作流程规范性，他们更专注于监督以避免员工的不安全行为，而工作自主性则有可能导致员工未经许可擅自在作业现场进行不规范的操作，脱离了安全规范。这样的工作资源反而诱发事故，因此工作资源反而对该领导风格的积极作用形成了干扰。

（2）基于要求-能力不匹配的形成路径

个人-环境匹配理论还提出了要求-能力匹配，关注个体在特定环境中所需展现的能力和个体实际拥有能力之间的匹配情况[204]。环境对于个体的要求可以包括工作任务的复杂性、责任要求等，而个体的能力则涉及技能、知识水平和心理素质等。当个体能力能够满足环境的要求时，称为要求-能力匹配，这种匹配能够促进个体的工作绩效和满足感。相反，如果个体能力无法满足环境的要求，就会出现要求-能力不匹配，可能导致工作压力。

本章发现，在低工作要求和低工作资源下，德行领导与员工情景约束之间存在倒U形关系。低工作要求和低工作资源的组合（要求）尤其需要领导者提供指导和榜样作用（能力）。然而，低水平的德行领导可能导致组织内部缺乏正直和诚实的氛围，内部不公正和不尊重现象增多，员工面临道德困境和诚信问题，这种情况可能会使得约束感知上升。调研结果显示，测井队中存在潜在的不公正现象。小队成员的工种不同，岗位分工有所差异，技术复杂程度高的岗位会更加繁忙，而技术复杂程度低的岗位则相对清闲。测井队长对奖金分配拥有一定的决定权，不具备高水平道德准则的队长可能会对不同岗位员工的奖金分配系数设置不够公平，导致井口、司机等辅助岗位员工无法获得应有的报酬。在这种情况下，不合理的上级分配制度极容易造成成员间的矛盾，限制他们的最佳表现。

低工作要求和低工作资源可能意味着员工缺乏提升能力的动机[224]。此时，威权领导者的强势决策和明确的指导可能有助于员工理解工作内容和步骤，避免产生不确定感。本章的研究结果验证了这一点，即中高水平的威权领导可以在低工作要求和低工作资源下减少员工的约束感知。这说明，当测井技术服务员工在作业现场处理工程事故、电缆事故、仪器掉井等状况时（要求），具备高威权领导风格的小队长能够迅速作出决策，为员工发挥自身潜力、提升执行力提供条件（能力）。与之相反，在同等情景下，低水平的威权领导导致测井技术服务员工缺乏明确的工作指示（能力），同时在不明确的工作要求和工作资源情况下，可能会出现工作分配不公平或者透明度不足的问题，而这都可能限制员工的职业发展，增加对工作环境的不满，进而产生约束感知。

以上基于要求–能力不匹配的测井技术服务员工情景约束的形成路径体现了以下两种情况。一是员工的能力不足以满足任务的要求。这可能是因为个人缺乏必要的技能、知识、经验或资质，也可能因缺乏上级给予的沟通、机会和信息等资源，从而无法胜任工作挑战。例如，低水平的威权领导往往不能给予员工必要的个性化指导和支持，导致员工在面对没有工作目标和动力时也缺乏来自上级的激励。这种能力低于要求的情景造就了员工的无助感和不安全感。二是员工的不适当定位，即其能力可能超出了任务本身的需求。当工作要求与资源较低时，工作整体进程缓慢，员工缺乏动力，而德行领导所赋予的职业素养和责任感等能力可能远超过工作所需。一旦出现能力过剩,这种来自上级的自信心将在工作中得不到施展,导致能力的浪费,员工也可能缺乏发挥自己才能的空间。

(3)基于过犹不及效应的形成路径

本章发现,工作资源与员工情景约束之间的关系呈 U 形,低水平与高水平的工作资源均会导致较强的约束感知。当员工缺乏必要的工作资源,如时间、信息、支持和培训时,他们可能感到负荷过重,无法有效完成任务,从而产生强烈的约束感知。随着工作资源的增加,员工的情景约束会逐渐减轻。适度的工作资源能够赋予员工工作上的挑战性和成就感,协助他们完成工作任务,有效抑制约束感知。然而,随着工作资源的进一步增加,员工所承受的负担可能会再次上升。过多的工作资源可能会带来过度的工作压力,例如工作负荷过重或决策复杂化,这对员工也会产生不利影响。

从对测井技术服务员工的访谈内容来看,他们在工作中需要处理的井况复杂程度存在差异。这导致本研究所调研的样本企业中出现一个管理问题:每口井的奖金基本一致,但实际工作量却不一致,这种差异在不同层面上引起员工争相抢夺难度较低的作业任务。工作量较低的井不仅更加容易完成,还能为小队预留更多时间,以争取其他作业任务。因此,允许小队参与队伍调度的工作自主权,反而导致测井技术服务员工承受不合理的工作负荷和工作管理中的不公正现象,导致有些小队总是被分配到任务强度大、复杂程度高的作业任务,缺乏完善的监管。工作资源的过犹不及效应也凸显了公地悲剧的问题。当公共资源池中的资源具有较高价值,并且缺乏对资源分配方式的制度约束时,个体往往会面临强烈的动机去占有越来越多的资源,从而导致资源的拥堵、过度使用甚至破坏。这样的情况下,个体即使坐拥大量资源,依然会担忧资源的匮乏[225]。目前现有文献大多记载工作资源的积极作用,本章则为工作资源潜在的消极作用提供了依据。资源过剩可能引发员工的无力感，限制他们的选择自由，因此，当员工不愿意或不需要过多的工作资源时，资源的不断扩充反而可能导致负面反应。

（4）基于加速损耗效应的形成路径

Hobfoll 在资源保存理论中提出了两种原则：资源节约原则和资源获取原则，都体现了非线性的影响作用[226]。资源节约原则指出，资源损失比资源增益的影响更为突出且持续时间更长。资源损失不仅对个体的影响更加显著，且随着时间的推移，影响的速度也会逐渐加快。这是因为相比于资源增益，人们往往更加在意失去的东西。当个体面临资源损失时，他们可能会感受到比同等价值的资源增益更强烈的负面情绪。资源获取原则提出，个体必须投入额外的资源以从损失中恢复、防止未来的损失或获得新资源。然而，这一过程极为矛盾：缺乏资源的个体本身就更容易遭受资源损失，并且缺乏获取资源的能力。根据资源节约原则，资源损失的影响更为广泛，这些缺乏足够资源的个体无法有效抵消资源损失的消极影响，结果形成压力，而上升的压力需要更多的资源投入进行缓解，从而形成一个负向循环。

工作要求和威权领导与测井技术服务员工情景约束之间的关系验证了以上两种资源的非线性作用路径。本章的调研结果表明，工作要求和威权领导均会导致资源损失，而且随着员工负荷的增加，资源损失的速度也会随之加快，从而增强员工对影响自身能力发挥因素的感知。同时，当工作要求艰巨或上级监控过于严格时，员工必须投入高水平的资源以推动工作。然而，这些负担过重的员工往往并不具备相对应的资源，导致无力感和落差感持续加剧。资源的的快速消耗加剧了员工的疲劳，降低了他们应对工作要求的能力和自信心，使得员工的情景约束加速上升。

(5)测井技术服务员工情景约束形成机理的分析

根据以上实证检验结果和路径分析,梳理出测井技术服务员工情景约束的形成机理。测井技术服务员工情景约束的形成受到家长式领导三维度(仁慈领导、德行领导、威权领导)、工作要求以及工作资源等要素的影响。从形成要素的直接效应来看,工作要求和威权领导均会导致工作负荷增加,员工需要投入更多的时间和精力来完成任务。这不仅导致员工资源快速消耗,还可能引发疲劳、焦虑等问题,从而提高员工的约束感知。

对于我国国有特大型测井技术服务企业的员工而言,作业队伍目前无法完美地满足不同时间、不同地点的测井任务。为了提升效率,企业通常会首先调动离测井任务距离最近的队伍,导致测井队经常会接到临时性的紧急任务。随意增加测井技术服务员工的工作量和无视员工意愿的任务调配,会延长他们的工作周期,扰乱轮休安排。长期紊乱的作息可能加剧他们的生理和心理问题,最终严重打击员工的工作积极性,导致工作效率低下。此外,工作资源与测井技术服务员工情景约束之间存在 U 形关系。基于社会交换理论中所突出的"互惠"原则,工作资源的增加可以极大激发员工的动力,帮助减轻员工的约束感知[194]。然而,当工作资源进一步增加时,测井技术服务员工还需应对与资源数量相匹配的任务。正如权利与义务之间的统一性,当测井技术服务员工能够自主决策或得到详细的工作质量反馈时,他们通常被委以重任。例如,相较于普通作业人员,小队长在溢流、井喷失控、硫化氢泄漏和火灾事故等突发事件发生时,需根据环境污染的情况及现场气象、地理状况,及时采取应急措施并且判断生产恢复期[227]。他们不仅是测井小队的第一责任者,同时还需承担培训、监督检查及制订并执行操作规程的责任。这些额外的工作资源必须随时用于预防或处理施工现场发生的各类伤害事故。不断增加的期望和沉重的工作负荷最终也会加剧测井技术服务员工的约束感知。

家长式领导的三维度作为共同的制度实施方式，与多样的工作状态因素相互作用，生成了测井技术服务员工的情景约束。在高工作资源的情境下，仁慈领导和德行领导对员工情景约束的的抑制效果非常有限。当工作资源充裕时，测井技术服务员工可能更倾向于依靠自身的调节能力应对工作，而非过度依赖领导者的宽容与品行，从而影响最佳表现，形成员工的约束感知。尤其在低工作要求情况下，仁慈领导与高工作资源之间的矛盾加剧。这时候，测井技术服务员工的技能水平可能超越作业活动的要求。如果测井队伍无法负责与其资质相匹配的项目，这种资质过盛便会导致员工的工作认知不协调，妨碍他们的工作动机，因此形成约束感知[228]。在低工作要求和低工作资源的情境下，德行领导的提升不能弥补员工在工作动机和投入程度上的不足，亦会导致情景约束的形成。最后，威权领导在低工作要求、低工作资源的情境下与测井技术服务员工情景约束存在倒U形关系。如果管理者无法充分发挥指导性和执行力，员工在低工作要求和低工作资源的情境下会感到工作缺乏挑战和明确目标，干扰他们能力发挥和动机的转换，导致情景约束的形成。基于以上要素分别以及不同组合对员工情景约束的促进作用，绘制测井技术服务员工情景约束的形成机理图，如图4-13所示。

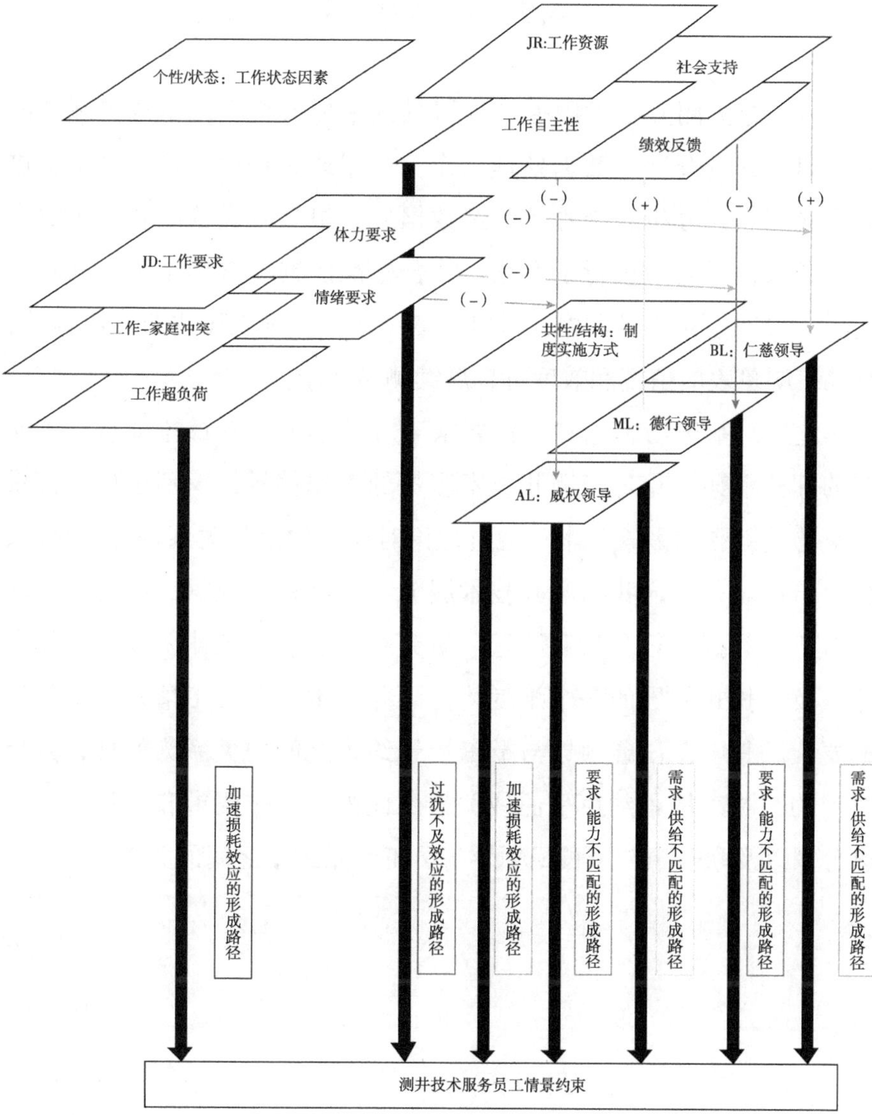

图 4-13 测井技术服务员工情景约束形成机理图

4.9　本章小结

为了挖掘测井技术服务员工情景约束形成机理，本章梳理了问卷调研，并且开展了数据处理工作。根据调研程序，首先对员工进行预测试。在分析和处理预测试数据后，根据量表信度和初步效度检验结果，对题项进行了净化。符合标准的题项被用于正式问卷的测量。根据正式调研数据，对研究变量的信度和效度进行再次检验，结果表明量表的信度和效度符合后续测量要求。

此外，基于场理论和工作要求–资源模型，本章梳理总结了研究的理论框架。立足于测井技术服务的工作情景，识别了员工情景约束的关键影响因素。本章通过理论对相关的变量关系进行了解读、推论与假设，结合我国测井技术服务员工的样本数据，运用统计软件对研究数据进行分析和检验。研究结果表明，工作要求、工作资源以及家长式领导的三个维度均为测井技术服务员工情景约束的形成要素。其中，仁慈领导与员工情景约束之间的关系为线性，其余要素均与员工情景约束呈曲线关系。此外，工作要求和工作资源可以分别以及联合调节家长式领导与员工情景约束之间的关系。

第 5 章　测井技术服务员工情景约束对工作绩效的影响实证研究

本章构建测井技术服务员工情景约束对工作态度和工作产出的影响作用研究框架，在理论和现实基础上，提出研究假设。借助统计分析工具及检验标准，分析并验证员工情景约束对工作敬业度和工作绩效的双路径影响作用。通过研究，明确员工情景约束对工作绩效的作用机理及其边界，以丰富情景约束作用机制的理论研究成果。

5.1　研究问题

基于第 2 章对测井技术服务员工情景约束的国内外研究综述，本研究发现关于情景约束与员工的工作态度和工作产出之间的关系存在两个主要的研究空白。首先，在实证研究中，情景约束与工作绩效之间的相关性较弱，但对此结论进行解释的相关研究仍然非常有限。员工情景约束源于工作情景中那些无法控制但限制个体绩效的因素，而在现有实证研究中尚未充分证实在不同情景限制下员工工作绩效的显著差异。此外，情景约束的定义主要集中于该构念对员工绩效的影响，导致现有关于情景约束与工作敬业度的研究匮乏，而且研究结论不完全一致。Harp 等研究发现员工情景约束对敬业度有负面影响[36]；而 Coo 等则指出，当团队成员就情景约束的认知达成一致时，高水平员工情景约束反而可以正向影响工作敬业度[38]。

除了工作绩效以外，本章将进一步研究员工情景约束对敬业度的影响以及是否有其他机制影响二者的关系。因此，本章的一个研究问题是：测井技术服务员工的约束感知是否能够显著影响他们的工作态度和工作产出？

一些研究发现，约束感知并不是总是消极的，有些约束性工作情景对员工有激励作用。因此，探究员工情景约束和工作绩效之间的关系可能需要考虑其他理论或机制，忽视这些额外的因素可能导致二者的相关性未能达到理论所预期。这些看似相互矛盾的研究结论也导致领导者对工作情景中的绩效干扰因素不够重视。由此，为了进一步理解情景约束如何影响测井技术服务员工的绩效水平，另一个亟需解决的问题是，是否有其他机制影响测井技术服务员工情景约束与其工作绩效之间的关系？

综上，本章对测井技术服务员工情景约束的影响研究需要首先提炼出主导的因果关系，继而挖掘测井技术服务员工情景约束为什么以及如何影响工作敬业度和工作绩效的"黑箱"。通过探究测井技术服务员工情景约束的影响，可以更好地预测并干预情景约束对员工工作绩效的作用。

5.2 测井技术服务员工情景约束对工作绩效的影响效应分析

5.2.1 中介效应：员工情景约束的认知评价

个体对困难的感知以及应对方式有所不同。压力认知评价理论为员工情景约束的影响提供了有效的观察视角，有助于解释测井技术服务员工在约束感知下的反应方式和过程。探究员工对约束感知的认知评价过程，有助于加深对情景约束与绩效结果两者之间关系的理解。压力认知评价理论提出，人们对情景的判断取决于他们对该情景的控制程度及潜在负面后果的评估[141]。

在判断自己控制工作情景能力时，核心因素之一是对可支配资源的评估。员工认知中可调动"应对资源"的数量和质量，会导致他们对相同工作情景的约束感知水平产生巨大差异。这些应对资源有助于减少或消除约束感知的不利影响。压力认知评价理论强调，在受到威胁的情况下，个人感受到的困扰程度取决于其对威胁的控制能力及其后果。相较于认为自己无法控制威胁情景的人，能够有效控制威胁情景的员工感受到的困扰和压力更少[141]。出于对自身控制威胁性情景的信心，他们更有可能会采取"以问题为中心"的应对策略。这种应对策略的主要体现为，员工努力制订并实施能够有效减少或消除威胁的行动计划[141]。对测井技术服务员工而言，将情景约束视为挑战可以激发斗志和责任感，并促使他们在作业现场主动采取措施，处理地面和井下的复杂问题，从而提升工作绩效。

相比之下，无法有效应对威胁的个体会采取更多的"以情感为中心"的应对方式，包括减少威胁性情景对个人造成的压力和其他负面影响[141]。这种应对方式虽能缓解个体感受到的威胁，但对搜索信息、制订和实施有效应对策略等并无直接益处。当测井技术服务员工的约束感知导致他们无法处理溢流、井涌、井喷等情况时，可能会产生无力感和消极态度，降低自信心和动力，从而减少他们达成任务目标的可能性。因此，即便是在相同的工作情景中，员工对自身应对能力的评估会影响其应对策略和最终结果。

鉴于员工情景约束与工作绩效之间关系的复杂性，有必要通过剖析一系列心理因素来理解情景约束的不同作用路径。压力认知评价理论为测井技术服务员工情景约束对员工工作态度和工作产出的

"双刃剑"效应提供了有效解释框架。根据压力认知评价理论，压力并不总是消极的。压力有两种表现形式：消极压力和积极压力。消极压力是指当压力太大时，可能会产生种种负面影响，例如个体烦躁不安、焦虑和抑郁的情绪。而积极压力是指可以激发个体技能和能力的压力，这种压力可以使得个体有更多动力完成任务，促进学习和发展，从而帮助其发挥最佳表现。例如，在考试中，适当的压力可以帮助个体集中注意力，从而取得更好的成绩。此外，压力也可以指导人们在日常生活中更有效地安排时间，提高工作效率。因此，压力不一定总是消极的。本研究认为，测井技术服务员工情景约束的影响作用不仅局限于消极层面，员工的约束感知对工作态度和工作产出的影响往往受到压力认知评价的影响。如果员工坚信自己能有效应对约束感知，可能会对其情景约束产生积极的认知评价，有助于提高工作态度和工作产出。然而，如果情景约束为员工带来了强烈的不确定性和失控感，员工可能会对其约束感知产生消极的认知评价，最终损害绩效结果。

综上，测井技术服务员工情景约束对个体的影响并不一致。让员工感知到的情景约束不可控且难以解决时其对工作态度和产出的负面影响可能更为显著。相反，员工具有明确应对和改善措施可能会带来对约束感知的积极认知评价，进而促进他们的工作态度及工作产出。因此，本章选择员工对其约束感知的认知评价作为研究切入点，探索测井技术服务员工情景约束与其工作敬业度和工作绩效之间的深层关系。

5.2.2 调节效应：成长型思维

本章将揭示测井技术服务员工情景约束"双刃剑"路径的作用边界，即员工思维模式的调节作用。个体对压力源的认知评价与应对方式会受到外部环境与个体特征的共同影响[82]。作为一种压力源，情景约束对个体认知评价的影响过程还取决于个体特征。即使面对强度相当的约束感知，不同特性的员工采取的应对方式也可能不同。具体而言，有些员工更有可能将压力源视为挑战和机会，而有些员工可能更多地将压力源视为威胁和负担。换言之，个体特质和个人资源会影响其应对压力源的方式。一个自我感知应对资源充足的个体可能更积极主动地应对压力源，而一个自认为缺乏应对资源的个体可能更倾向于逃避或消极应对。因此，本章选取了一个重要个体特征，即成长型思维，探究其对测井技术服务员工情景约束与认知评价结果之间的调节作用。

对于测井技术服务员工而言，成长型思维意味着员工不仅需要具备在测井现场作业的能力，还需熟知测井专业知识、放射性和有毒气体等安全防护知识，以及具备现场判断和解决技术问题、排除仪器故障的能力[146]。他们不能仅依赖已有的生产工艺，还需要不断扩充新的工艺流程知识，以便在作业现场主动发现问题，而不将设备故障和项目遇阻等问题视为自己能力极限的表现。

思维模式可以决定个体面对挑战和挫折的反应。正因如此，学者们通常检测思维模式与学生内在动机和学业表现的关系。具有成长型思维的学生在失败后往往更能迅速调整适应，而固定型思维的学生则容易感到无助[229]。依据此逻辑，具有成长型思维的测井技术服务员工更有潜力锻炼自己现场判断和解决技术问题、排除仪器故障的能力。在仪器异常或遇阻时，他们具有更高的内在动力采取应对措施。

此外，与固定型思维的学生相比，成长型思维的学生能够更好地适应学业转变。思维模式在具有挑战性的环境中影响更显著，而在任务容易时，对行为的影响不太明显[229]。测井技术服务的工作环境充满挑战，测井队长、操作工、绞车工和井口等岗位员工共同负责井场的安全和环保工作[146]。员工的成长型思维有助于他们在危险发生时积极尝试不同的方案进行抢险和处理，从尝试的经历中不断反思和学习。基于此，思维模式对测井技术服务员工在压力下的心理健康恢复力有显著影响。相信自己能够有效控制约束感知的员工，可能在高压力情景下乐观地评估情景约束的影响。而认为自我应对能力差的员工，则更可能被其约束感知所束缚。本章认为成长型思维是一种可以调节测井技术服务员工情景约束与压力认知评价之间关系的个体特征，探索其调节作用对于理解员工在约束感知下的反应至关重要。

5.3 研究假设

5.3.1 测井技术服务员工情景约束、工作敬业度和工作绩效

Kahn将工作敬业度定义为个体在工作中能够全身心投入，并通过对工作的认同和意义感产生积极情感的状态。他强调了员工对工作的心理和情感投入的重要性，认为员工需要具备一定的心理条件才能对工作竭尽所能，例如意义感、安全感和个人精力[230]。因此，工作敬业程度高的员工通常对待工作更加积极主动、尽职尽责。然而，员工情景约束所带来的挫折感会使个体产生退缩倾向，进而导致员工在工作中的积极性和动力下降[6]。此外，测井技术服务员工在艰苦的作业环境中工作，缺乏社会支持、会增加其心理应激水平[231]、并导致职业倦怠[232]。在这种高压和复杂的工作要求下，情景约束意味着他们缺乏合理的工作环境和支持机制。这不仅会增加心理压力，

还会导致情感消极、身体疲惫，甚至对工作失去兴趣。所有这些表现最终都会损害工作敬业度。因此，测井技术服务员工所感知的情景约束迫使他们付出大量努力以维持预期的绩效水平，可能会损害其工作敬业度。

Campbell 等人提出，工作绩效就是组织雇用员工做并且做好的事情[233]。由此可见，工作绩效不是由行动本身定义的，而是基于组织对其目标进行的判断和评估过程所定义的。工作绩效由多维度构成，基本层面上，它衡量个人在执行有助于组织技术核心活动方面的熟练程度[234]。由此，员工在知识、技能和能力方面的差异会造成工作绩效的波动和区别。具体而言，工作绩效包括两类行为。一类活动涉及将原材料直接转化为组织生产商品和服务的过程，例如对外销售商品、操作机器进行生产和制造或教学等活动。另一类则是通过补充原材料供应来服务和维护技术核心的活动，例如为组织提供重要的规划、协调、监督和参谋职能，使其他技术核心活动能够有效、高效地运作。因此，无论是直接执行技术流程还是维护核心技术要求，工作绩效均与组织的技术核心直接相关。

测井技术服务员工在工作中需要各种资源来完成任务，如信息、技术设备和培训等。然而，情景约束表明工作资源不足或无法得到充分利用，这可能是由于组织的资源分配不均或外部环境的限制。当员工缺乏必要的资源和能力时，他们将很难高效完成核心工作任务，损害工作绩效。研究发现，约束性的工作情景会严重限制油田工程技术服务员工发挥自身的工作能力[116]。

以测井技术服务员工为例，无法发挥最佳能力的约束感知可能导致他们在施工现场无法高效、准确地采集测井数据。即使预料到仪器遇阻、遇卡或复杂井况也无法避免或提前妥善解决问题，导致测后验校值误差大，重复测量率高。一方面，约束感知可以导致员工总在一种"明知要失败"的心态下工作，长期被迫按照固定的规则或建设方的要求执行命令，抑制了他们的激情和动力。员工感觉自己只是一个被动的执行者，无法从工作中获得成就感和乐趣，因而难以展现出高水平的工作敬业度。另一方面，他们在束缚下无法充分发挥自己的能力和创造力，可能对工作和组织产生不满，降低对组织的认同感和忠诚度。这种不满会削弱员工对工作的投入程度，影响他们的工作产出。此外，员工面对各种限制而产生的焦虑和不安也会干扰他们的工作态度和工作表现。因此，本章提出如下假设：

H1a：测井技术服务员工情景约束负向影响工作敬业度。

H1b：测井技术服务员工情景约束负向影响工作绩效。

5.3.2　压力认知评价的中介作用

研究发现，当挑战性认知评价较高时，挑战性压力源可以带来工作中的积极影响，但在挑战性认知评价低时，两者之间的正相关关系不成立[235]。由此，具有挑战性的压力源并不一定会带来积极的工作成果，而是个体的认知评价结果在其中发挥了重要作用。员工对情景约束的挑战性评价可以成为一种自我激励。培训不足等约束性工作情景可能会激发员工学习或开发新技术。员工不是被动地承受组织中约束条件，而是主动寻求不同路径以克服情景约束。当员工将情景约束视为挑战时，他们可能会积极探索获取更优工作条件，增强发展和改进管理实践、工作条件和工作环境的动力，从而促进工作敬业度。在工作中不断收获胜任感和自我效能感的员工，更有可能体验到应对挑战的热情与信心[236]，有助于提高工作敬业度。

挑战性认知评价通过设定具有挑战性的工作目标和标准，激发员工应对挑战和追求高水平绩效的愿望。当员工将情景约束视为挑战时，他们更愿意超越自己的舒适区，不断学习并拓展视野，提升专业能力。此外,对情景约束的挑战性认知评价还可以鼓励员工提出新的、富有创意的解决方案以应对约束性工作情景,激发员工的创新能力和解决问题的能力。因此,在面对挑战性情景约束时,员工更有可能积极主动地学习和发展,用不同的方法解决问题,最终提高工作绩效。综上所述,测井技术服务员工的挑战性认知评价可以在情景约束与工作绩效之间发挥中介作用。挑战性认知评价能够激发他们的斗志,提升专业操作技能,增强创新能力和在施工现场解决问题的能力,同时增强他们的自信心和主动性。这些因素将激励测井技术服务员工克服其约束感知,高水平完成施工任务要求。本章认为,通过挑战性认知评价,测井技术服务员工情景约束与工作态度和工作产出之间呈正相关。因此,本章提出如下假设:

H2a:测井技术服务员工情景约束通过挑战性认知评价正向影响工作敬业度。

H2b:测井技术服务员工情景约束通过挑战性认知评价正向影响工作绩效。

相反的,威胁性认知评价代表了个体对未来潜在损失的担忧,是人与被预测环境之间一种独特且不断变化的关系[141]。当员工视其情景约束为威胁时,会聚焦于自身的不足,从而进一步加剧负面情绪,导致工作积极性和投入度减低。研究发现,威胁性认知评价与员工的缺勤和辞职意向均呈正相关[237]。个体期望避免或减轻工作中的威胁,而对情景约束所带来的潜在威胁,员工可能会表现出一系列逃避行为。在这种情况下,测井技术服务员工可能会回避责任、避免承担风险或规避与威胁相关的任务以保障自身的安全和稳定。他们不愿投入更多的时间和精力,从作业队的角度来思考任务,并对整体井况及各岗位间的协作不关心,工作敬业度降低。

此外,当员工情景约束超过他们的处理能力范围时,可能会形成心理健康问题。在焦虑和压力状态下，测井技术服务员工难以集中精力投入到作业活动中，这不仅减少他们在工作中的努力和投入程度，还有可能会导致疏忽和错误。在测井下井仪器起降过程中，为了防止放射源掉落井下，需要进行许多微小但非常重要的操作。当员工感到情景约束超出自己应对范围时，他们可能会经历消极情绪和压力，不愿意付出额外的努力。疏忽操作细节在测井作业中往往会造成重大安全事故[227]，由此，本章认为员工情景约束通过威胁性认知评价负向影响他们的工作敬业度和工作绩效。

H2c：测井技术服务员工情景约束通过威胁性认知评价负向影响工作敬业度。

H2d：测井技术服务员工情景约束通过威胁性认知评价负向影响工作绩效。

根据上述讨论，作者提出，测井技术服务员工情景约束与员工工作绩效之间可能存在更复杂的中介关系，即员工情景约束通过压力认知评价进而工作敬业度最终影响工作绩效。Harter等人指出，敬业的员工会体验高程度的工作参与度、工作满意度和工作热情[238]。当员工能够在工作中找到意义并将精力转化为绩效时，他们就更能够在工作中全力以赴。当员工视情景约束为挑战时，更有可能以极大的热情和专注程度应对工作，有助于提升工作绩效；而当员工视情景约束为威胁时，可能会减少对工作的情感投入程度，损害工作绩效。因此，本章认为测井技术服务员工情景约束与员工工作绩效之间存在链式中介关系：

H2e：测井技术服务员工情景约束通过挑战性认知评价和工作敬业度正向影响员工工作绩效。

H2f：测井技术服务员工情景约束通过威胁性认知评价和工作敬业度负向影响员工工作绩效。

5.3.3　成长型思维的调节作用

思维模式是人对其自身智力和才能的基本信念，这种信念可以显著影响他们的学习和成就的方法[239]。固定型思维的人认为他们的能力是固定不变的，而成长型思维的人则认为他们的能力可以通过努力、坚持和学习来发展。具备成长型思维模式的人通常比固定型思维模式的人更灵活、更有动力也更成功。通过采用成长型思维，个人可以克服挑战，将失败视为成长的机会，并充分发挥自身潜力。研究证明，个体的成长型思维模式更有可能带来幸福感和面对失败时的积极情绪，并能帮助个体摆脱外部环境中的负面影响[240]。

测井技术服务员工在工作中面临复杂的地质和工程挑战，需要不断学习和适应。成长型思维可以鼓励他们持续学习，这种学习心态使员工能够快速了解新技术、新方法和测井现场的最佳实践。他们意识到自己对工作结果的影响力，因此积极追求技术的不断完善和提升。具备成长型思维的员工会主动关注作业质量控制、安全操作和探测效率，以期满足项目要求。他们可以利用物联网、云计算、大数据和人工技能等新技术与测井行业相结合，探索测井技术的智能化。此外，测井技术服务员工面对各种不确定性难题是常态。成长型思维有助于培养员工解决问题和创新的能力，鼓励他们在装备测量精度不足、探测范围有限的情况下不断探索和尝试新技术和新材料。成长型思维可以激发员工探索原创性测井方法，使他们在情景约束的限制下也能提升井下作业效率和安全性。

面对紧迫感相当的情景约束，不同特性的员工采取的应对方式也存在差异。成长型思维使测井技术服务员工更加注重团队合作和沟通，他们意识到与团队成员共享知识、经验和资源的重要性。通过交流和合作实现作业队中的技能互补，作业队成员的集体成长有助于提升整体工作绩效。综上所述，具备成长型思维的员工在体验情景约束时，更有可能通过勤奋努力和直面挑战实现个人成长，信服约束感知是帮助自身从逆境中汲取教训的挑战。他们也更有可能不断充实自己或组建工作团队，为应对情景约束做好准备。相对而言，偏向固定型思维的员工则否定自己的应对能力，从而将情景约束视为对自身能力和智力的威胁。根据以上分析，提出如下假设：

H3a：成长型思维模式正向调节测井技术服务员工情景约束和挑战性认知评价之间的关系，高成长型思维的员工更有可能将其情景约束视为挑战。

H3b：成长型思维模式负向调节测井技术服务员工情景约束和威胁性认知评价之间的关系，成长型思维的员工对其情景约束的威胁性认知更小。

在以上假设的逻辑基础之上，本章提出被调节的中介模型，即压力认知评价的中介作用受到成长型思维的调节。对于高成长型思维模式的测井技术服务员工，情景约束的限制作用减轻，将其视为挑战可以激发出更高的工作敬业度和工作绩效水平；即使将其视为威胁，对工作敬业度和工作绩效的负向作用减弱。与之相反，对于低成长型思维模式的员工，情景约束带来的紧迫感更强。将其视为威胁，会加剧对工作敬业度和工作绩效的消极影响；即使将其视为挑战，也难以带来高水平的工作态度和工作产出。因此，提出以下假设：

H4a：成长型思维正向调节测井技术服务员工情景约束通过挑战性认知评价影响工作敬业度的间接作用。

H4b：成长型思维正向调节测井技术服务员工情景约束通过挑战性认知评价影响工作绩效的间接作用。

H4c：成长型思维负向调节测井技术服务员工情景约束通过威胁

性认知评价影响工作敬业度的间接作用。

H4d：成长型思维负向调节测井技术服务员工情景约束通过威胁性认知评价影响工作绩效的间接作用。

根据以上分析，本章将挑战性认知评价和威胁性认知评价作为中介变量，成长型思维作为调节变量，探讨测井技术服务员工情景约束通过压力认知评价进而影响工作敬业度和工作绩效的路径以及作用边界，构建本章的研究框架，如图 5-1 所示。

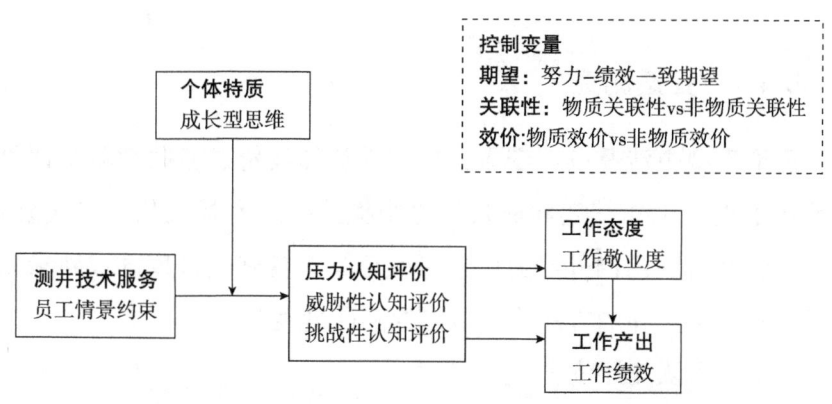

图 5-1　测井技术服务员工情景约束对工作绩效的影响研究模型

期望理论表明，个体的行为取决于他们期望该行为能够带来的结果[241]。员工的绩效行为可能取决于他们对自身职业发展或者升职的预期，当他们相信自己的绩效表现和升职有很强关联时，他们更有可能展现出更积极的工作态度和工作产出。换句话说，如果个体认为某种行为能够带来预期的结果，那么该行为的发生机率会大大提升。

在第 3 章对测井技术服务员工进行的访谈中，受访员工提到："企业就是一个饼，这个利益的饼给你画大了，别人就小了。"还有人提及："改来改去就是那个样子，有时候想起自己付出那么多心血觉得都不值，因为毕竟自己的青春年华都付在上面。"因此，员工所获得的绩效评价和奖励会影响行为动机。本研究认为，不论情景约束水平的高低，员工对高水平绩效以及其带来的积极奖励和影响会影响其行为动机，进而作用于员工的工作态度和工作产出。因此，选取了努力-绩效一致期望、关联性和效价作为研究测井技术服务员工情景约束与认知评价结果之间关系的控制变量。

5.4 研究变量测量和收据收集

5.4.1 变量测量

理论模型中涉及以下变量：挑战性认知评价、威胁性认知评价、工作敬业度、工作绩效和成长型思维模式。所有量表均选自国外顶级期刊，并且在国内外研究中经过验证具有良好信效度的成熟量表，均通过翻译-回译的方法确定最终的翻译量表。

（1）压力认知评价

挑战性认知评价和威胁性认知评价量表均由LePine等开发[242]，各为三个题项，采用李克特五点量表形式进行计分，1表示从不，2表示偶尔，3表示一般，4表示经常，5表示总是如此。为了体现出研究模型中测井技术员工对其情景约束的认知评价，将题项中的"工作"替换为了"情景约束"。具体题项内容见表5-1。

表5-1 压力认知评价量表内容

量表名称	维度	题项
压力认知评价（SA）	挑战性认知评价（CA）	CA1.克服情景约束并努力实现工作要求有助于我的个人成长和幸福感
		CA2.我觉得情景约束激励我实现个人目标和取得成就
		CA3.总的来说，我觉得情景约束促进了我的个人成就

续表

量表名称	维度	题项
压力认知评价（SA）	威胁性认知评价（TA）	TA1. 克服情景约束并努力实现工作要求会阻碍我的个人成长和幸福
		TA2. 我觉得情景约束限制了我实现个人目标和发展
		TA3. 总的来说，我觉得情景约束阻碍了我的个人成就

（2）工作敬业度

Schaufeli 等人开发了工作敬业度量表（UWES），该量表衡量了敬业度定义中包含的三个维度，即活力、奉献和专注[243]。该量表受到多方学者的关注，并已在多个国家文化情景下得到验证。然而，Thomas 认为，尽管工作敬业度的后果体现在生理、认知和情感三个方面，然而在这些行为后果发生之前员工的敬业状态应该通过一维度表达[244]。由此，Thomas 针对工作敬业度开发的量表由九个题项构成，他认为工作敬业度是一种在特定情境下被激发的的动机状态，与员工的态度和行为结果相关。该量表中的题项衡量了好奇心、勤奋、甚至成就动机，这些因素相互作用并融合则会产生工作敬业度[244]。

因此，采用由 Thomas 开发的工作敬业度量表[244]。量表使用李克特七点量表形式进行计分，1 表示从不，2 表示很少，3 表示有时，4 表示一般，5 表示经常，6 表示频繁，7 表示总是如此。具体题项内容见表 5-2。

表 5-2　工作敬业度量表内容

量表名称	维度	题项
工作敬业度（WE）	一维度	WE1. 愿意真正推动自己实现具有挑战性的工作目标
		WE2. 准备全力以赴履行我的工作职责
		WE3. 由于想到更有效地完成工作的新方法而感到很兴奋

续表

量表名称	维度	题项
工作敬业度（WE）	一维度	WE4. 热衷于提供高质量的产品或服务
		WE5. 为了做好工作，总是愿意"加倍努力"
		WE6. 努力不断提高工作绩效对其非常重要
		WE7. 工作是个人自豪感的源泉
		WE8. 决心完整、彻底地完成所有工作职责
		WE9. 准备全心全意地投入工作

（3）工作绩效

Janssen 和 Van Yperen 将工作绩效定义为执行由组织协调和奖励的强制性工作相关任务、职责和责任，因此通过测量员工为完成核心工作任务而产生的行为，构成了一个综合的工作绩效[245]。与一维结构不同，Griffin 等在研究中以四个维度测量工作绩效，分别为保持态势感知、执行控制措施、沟通和设备操作[246]。

除了员工自评，工作绩效也经常通过员工的直接领导或同事评价。在 Becker 等的研究中，上级对员工执行任务的效率、数量和质量的评价构成了员工的工作绩效[247]。Singh 和 Singh 通过同事间对彼此执行核心任务的表现评价得到员工的工作绩效[248]。

采用 Borman 和 Motowidlo 开发的任务绩效量表[234]，并且通过上级评价员工绩效。量表含有五个题项，采用李克特七点量表形式进行计分，1表示从不，2表示很少，3表示有时，4表示一般，5表示经常，6表示频繁，7表示总是如此。具体题项内容见表 5-3。

（4）成长型思维

采用的成长型思维量表由 Dweck 开发[239]，含有三个题项，采用李克特五点量表形式进行计分，1表示从不，2表示偶尔，3表示一般，4表示经常，5表示总是如此。将量表反向计分，得分越高为高成长型思维,反之则为低成长型思维。具体题项内容见表 5-4。

表 5-3 任务绩效量表内容

量表名称	维度	题项
任务绩效 (TP)	一维度	TP1.经常计划与安排自己的工作日程
		TP2.一直以来做到较高水准的工作质量
		TP3.任务总是可以在规定时间内完成
		TP4.总体来说,工作效率较高
		TP5.可以做好公司要求的任务

表 5-4 成长型思维模式量表内容

量表名称	维度	题项
成长型思维 (GM)	一维度	GM1.个人的智力基本上是无法改变的
		GM2.人的智力水平是一定的,无法改变太多
		GM3.人可以学习新事物,却无法改变自己的智力

(5) 控制变量

动机支配着人们在众多行为中作出选择,个体会选择具有最大激励水平的选项[241]。当期望成功的概率越高,成功后获得的期望价值越大时,驱动行为表现的动力越大。期望理论是一种动机理论,表明当个人相信他们的努力会带来更好的表现时,他们更有可能被激励,而更好的表现会带来预期的结果或回报。该理论基于三个关键组成部分:期望、关联性和效价。期望是指个体相信自身更多的努力会导致绩效的提高。关联性指的是相信自身改进后的绩效将带来预期的结果或奖励。效价是指个人对特定结果或奖励的价值或重要性。本章将期望、关联性和效价作为控制变量纳入研究,使用 Chiang 和 Jiang 开发的基于期望理论的量表进行测量[249],量表可见附录 5。

5.4.2 数据收集

调研对象与第 4 章研究一致,均来自隆昌、重庆和西安等地测井技术服务企业中不同工种、不同岗位职级的员工。预调研的有效问卷为 286 份,预测试样本信息见第四章。预测试结束后,研究者对回收的数据进行检验分析,经过对问卷个别题项的调整和修订,形成正式调研问卷,具体内容见附录 5 和 6。正式问卷调研后最终得到 369 份有效样本数据,正式调研的样本信息见第 4 章。

5.5 问卷效信度检验

5.5.1 压力认知评价

(1)压力认知评价量表预测试效度检验

首先对压力认知评价量表预测试数据进行 KMO 和 Bartlett 球形度检验,检验结果见表 5-5。由结果可知,数据的 KMO 值为 0.783,大于 0.70;Bartlett 球形度检验显著性水平小于 0.001,达到显著水平,表示样本适合作因子分析。

表 5-5 压力认知评价量表预测试 KMO 和 Bartlett 球形度检验(N=286)

KMO		0.783
Bartlett 球形度检验	近似卡方	585.565
	自由度	15
	显著性	0.000

通过主成分分析法,提取出 2 个因子,得到题项载荷。由表 5-6 探索性因子分析结果可知,压力认知评价所有题项的方差解释率为

69.747%，每个题项在对应因子上的载荷均大于 0.50，且该因子累计方差解释率大于 60%，符合测量要求。

表 5-6　压力认知评价量表预测试探索性因子分析结果（N=286）

题项/因子	1	2	备注
CA1	0.786	0.000	
CA2	0.901	−0.127	
CA3	0.887	−0.125	
TA1	−0.013	0.786	
TA2	−0.223	0.832	
TA3	−0.021	0.759	
因子命名	挑战性认知（CA）	威胁性认知（TA）	
方差解释率	42.714%	27.033%	

（2）压力认知评价量表正式测试效度检验

运用测井技术服务员工正式调研数据，进行压力认知评价量表的 KMO 和 Bartlett 球形度检验，检验结果见表 5-7。由结果可知，数据的 KMO 值为 0.774，大于 0.70；Bartlett 球形度检验显著性水平小于 0.001，达到显著水平，表示样本适合进行因子分析。

表 5-7　压力认知评价量表正式测试 KMO 和 Bartlett 球形度检验结果（N=369）

KMO		0.774
Bartlett 球形度检验	近似卡方	852.195
	自由度	15
	显著性	0.000

通过主成分分析法提取出 2 个因子，累计方差解释率 72.997%。所有题项在所属因子上的载荷均大于 0.5，分析结果见表 5-8。

表 5–8　压力评价认知量表正式测试探索性因子分析结果（N=369）

题项/因子	1	2	备注
CA1	0.804	0.000	
CA2	0.913	−0.065	
CA3	0.882	−0.066	
TA1	0.028	0.834	
TA2	−0.160	0.874	
TA3	−0.008	0.790	
因子命名	挑战性认知评价（CA）	威胁性认知评价（TA）	
方差解释率	40.832%	32.165%	

通过验证性因子分析，由表 5-9 检验结果可知，模型拟合指标基本符合相关标准。对于模型而言，符合适配度的检验标准。

表 5–9　压力评价认知结构模型拟合指标比较（N=369）

模型/指标	x^2/df	GFI	SRMR	RMSEA	AGFI	NFI	CFI
参考值	≤ 3.0	> 0.90	< 0.08	< 0.08	> 0.9	> 0.9	> 0.9
统计值	2.863	0.980	0.042	0.071	0.948	0.950	0.982

结合收敛效度与区分效度检验标准，根据压力认知评价验证性因子分析的结果，可计算收敛效度和区分效度的指标值，具体结果见表 5-10。挑战性认知评价和威胁性认知评价的 AVE 值均大于 0.5，表明该量表在测井技术服务员工样本中的测量结果具有较好的收敛效度。

表 5–10　压力认知评价量表收敛效度检验结果（N=369）

维度	题项	标准化载荷	标准误差（SE）	AVE
挑战性认知评价（CA）	CA1	0.650	0.036	0.652
	CA2	0.934	0.041	
	CA3	0.813	0.039	

续表

维度	题项	标准化载荷	标准误差（SE）	AVE
威胁性认知评价（TA）	TA1	0.684	0.055	0.565
	TA2	0.927	0.081	
	TA3	0.606	0.070	

从表 5-11 可知，压力认知评价各维度的 AVE 开根值大于该维度与其他维度之间的相关系数，因此，表明该量表在测井技术服务员工样本中的测量结果具有较好的区分效度。

表 5-11　压力认知评价量表区分效度检验结果（$N=369$）

维度	挑战性认知评价	威胁性认知评价
挑战性认知评价	**0.807**	
威胁性认知评价	−0.197	**0.752**

注：表中对角线上粗体字为 AVE 的开根值。

（3）压力认知评价量表预测试信度检验

在测井技术服务员工样本中，压力认知评价量表预测试信度检验结果，见表 5-12。由信度检验结果可知，两个维度的信度系数大于 0.70，题项的 CITC 值均大于 0.50。由结果可知，压力认知评价源量表在预测试中体现出了较好的测量信度。

表 5-12　压力认知评价量表预测试信度检验结果（$N=286$）

维度	题项	CITC 值	Alpha if Item Deleted	α 值
挑战性认知评价（CA）	CA1	0.571	0.875	0.831
	CA2	0.770	0.682	
	CA3	0.740	0.715	

续表

维度	题项	CITC 值	Alpha if Item Deleted	α 值
威胁性认知评价（TA）	TA1	0.504	0.652	0.711
	TA2	0.619	0.506	
	TA3	0.575	0.696	

（4）压力认知评价量表正式测试信度检验

对正式调研数据进行心理控制源信度分析，分析结果见表 5-13。由结果可知，信度系数大于 0.80。11 个题项的 CITC 值均大于 0.50。由检验结果可知，压力认知评价量表在正式测试中有较好的测量信度。

表 5-13　压力认知评价量表正式测试信度检验结果（$N=369$）

维度	题项	CITC 值	Alpha if Item Deleted	α 值
挑战性认知评价（CA）	CA1	0.605	0.863	0.838
	CA2	0.787	0.688	
	CA3	0.723	0.755	
威胁性认知评价（TA）	TA1	0.608	0.716	0.781
	TA2	0.698	0.612	
	TA3	0.556	0.774	

5.5.2　工作敬业度

（1）工作敬业度量表预测试效度检验

首先对工作敬业度量表预测试数据进行 KMO 和 Bartlett 球形度检验，判断样本是否适合进行因子分析，检验结果见表 5-14。由结果可知，数据的 KMO 值为 0.916，大于 0.70；Bartlett 球形度检验显著性水平小于 0.001，达到显著水平，表示样本适合作因子分析。

表 5-14　工作敬业度量表预测试 KMO 和 Bartlett 球形度检验（N=286）

KMO		0.916
Bartlett 球形度检验	近似卡方	1560.672
	自由度	36
	显著性	0.000

通过主成分分析法提取出 1 个因子。由表 5-15 探索性因子分析结果可知，工作敬业度所有题项的方差解释率为 60.829%，每个题项在对应因子上的载荷均大于 0.50，且该因子累计方差解释率大于 60%，符合测量要求。

表 5-15　工作敬业度量表预测试探索性因子分析结果（N=286）

题项/因子	1	备注
WE1	0.753	
WE2	0.815	
WE3	0.710	
WE4	0.787	
WE5	0.800	
WE6	0.833	
WE7	0.740	
WE8	0.797	
WE9	0.777	
因子命名	工作敬业度（WE）	
方差解释率	60.829%	

（2）工作敬业度量表正式测试效度检验

运用正式调研数据，进行工作敬业度量表的 KMO 和 Bartlett 球形度检验，判断样本是否适合进行因子分析，检验结果见表 5-16。由结果可知，数据的 KMO 值为 0.923，大于 0.70；Bartlett 球形度检验显著性水平小于 0.001，达到显著水平，表示样本适合进行因子分析。

表 5-16　工作敬业度量表正式测试 KMO 和 Bartlett 球形度检验（N=369）

KMO		0.923
Bartlett 球形度检验	近似卡方	1997.992
	自由度	36
	显著性	0.000

通过主成分分析法提取特征值大于 1 的因子，累计方差解释率 60.331%。所有题项在所属因子上的载荷均大于 0.5，见表 5-17。通过验证性因子分析，由表 5-18 检验结果可知，模型拟合度较好。

表 5-17　工作敬业度量表正式测试探索性因子分析结果（N=369）

题项/因子	1	备注
WE1	0.745	
WE2	0.815	
WE3	0.694	
WE4	0.787	
WE5	0.806	
WE6	0.822	
WE7	0.745	
WE8	0.788	
WE9	0.780	
因子命名 方差解释率	工作敬业度（WE） 60.331%	

表 5-18　工作敬业度结构模型拟合指标比较（N=369）

模型/指标	x^2/df	GFI	SRMR	RMSEA	AGFI	NFI	CFI
参考值	≤ 3.0	> 0.90	< 0.08	< 0.08	> 0.9	> 0.9	> 0.9
统计值	3.991	0.946	0.022	0.089	0.899	0.953	0.964

由于正式调研使用的工作敬业度量表是单一维度，不需要进行区分效度的检验。根据量表验证性因子分析的结果，可计算收敛效度指标值，具体结果见表 5-19。

表 5-19　工作敬业度量表收敛效度检验结果（N=369）

维度	题项	标准化载荷	标准误差（SE）	AVE
工作敬业度（WE）	WE1	0.683	0.021	0.520
	WE2	0.761	0.017	
	WE3	0.740	0.021	
	WE4	0.787	0.018	
	WE5	0.623	0.020	
	WE6	0.726	0.018	
	WE7	0.804	0.029	
	WE8	0.754	0.026	
	WE9	0.743	0.030	

（3）工作敬业度量表预测试信度检验

在测井技术服务员工样本中，工作敬业度量表预测试信度检验结果，见表 5-20。由信度检验结果可知，量表的信度系数大于 0.7，题项的 CITC 值均大于 0.50。由结果可知，工作敬业度量表在预测试中具有较好的测量信度。

表 5-20　工作敬业度量表预测试信度检验结果（*N*=286）

维度	题项	CITC 值	Alpha if Item Deleted	α 值
工作敬业度（WE）	WE1	0.675	0.910	0.918
	WE2	0.747	0.906	
	WE3	0.627	0.913	
	WE4	0.717	0.908	
	WE5	0.739	0.906	
	WE6	0.779	0.904	
	WE7	0.672	0.911	
	WE8	0.740	0.906	
	WE9	0.715	0.908	

（4）工作敬业度量表正式测试信度检验

对测井技术服务员工正式调研数据进行工作敬业度信度分析，分析结果见表 5-21。由结果可知，信度系数大于 0.80。9 个题项的 CITC 值均大于 0.50。由检验结果可知，工作敬业度量表在正式测试中亦有较好的测量信度。

表 5-21　工作敬业度量表正式测试信度检验结果（*N*=369）

维度	题项	CITC 值	Alpha if Item Deleted	α 值
工作敬业度（WE）	WE1	0.664	0.909	0.916
	WE2	0.747	0.904	
	WE3	0.608	0.912	
	WE4	0.717	0.906	
	WE5	0.747	0.903	
	WE6	0.764	0.902	
	WE7	0.678	0.909	
	WE8	0.730	0.904	
	WE9	0.718	0.906	

5.5.3 工作绩效

（1）工作绩效量表预测试效度检验

首先对工作绩效量表预测试数据进行 KMO 和 Bartlett 球形度检验，检验结果见表 5-22。由结果可知，数据的 KMO 值为 0.786，大于 0.70；Bartlett 球形度检验显著性水平小于 0.001，达到显著水平，表示样本适合作因子分析。

表 5-22　工作绩效量表预测试 KMO 和 Bartlett 球形度检验（N=286）

KMO		0.786
Bartlett 球形度检验	近似卡方	752.795
	自由度	10
	显著性	0.000

随后，采取主成分分析法，提取出 1 个因子，得到题项载荷。由表 5-23 探索性因子分析结果可知，工作绩效所有题项的方差解释率为 65.475%，每个题项在对应因子上的载荷均大于 0.50，且该因子累计方差解释率大于 60%，符合测量要求。

表 5-23　工作绩效量表预测试探索性因子分析结果（N=286）

题项/因子	1	备注
TP1	0.729	
TP2	0.799	
TP3	0.829	
TP4	0.853	
TP5	0.831	
因子命名 方差解释率	工作绩效（TP） 65.475%	

（2）工作绩效量表正式测试效度检验

运用测井技术服务员工正式调研数据，进行工作绩效量表的 KMO 和 Bartlett 球形度检验，检验结果见表 5-24。由结果可知，数据的 KMO 值为 0.805，大于 0.70；Bartlett 球形度检验显著性水平小于 0.001，达到显著水平，表示样本适合进行因子分析。

表 5-24　工作绩效量表 KMO 和 Bartlett 球形度检验（N=369）

KMO		0.805
Bartlett 球形度检验	近似卡方	923.841
	自由度	10
	显著性	0.000

随后，采取主成分分析法，提取特征值大于 1 的因子，选择最大方差法旋转。由碎石图和因子分析结果显示共提取 1 个因子，累计方差解释率 65.448%。所有题项在所属因子上的载荷均大于 0.5，分析结果见表 5-25。通过验证性因子分析，由表 5-26 检验结果可知，模型拟合指标基本符合相关标准。对于模型而言，符合适配度的检验标准。

表 5-25　工作绩效量表探索性因子分析结果（N=369）

题项/因子	1	备注
TP1	0.739	
TP2	0.803	
TP3	0.813	
TP4	0.860	
TP5	0.826	
因子命名 方差解释率	工作绩效（TP） 65.448%	

表 5-26　工作绩效结构模型拟合指标比较（N=369）

模型 / 指标	x^2/df	GFI	SRMR	RMSEA	AGFI	NFI	CFI
参考值	≤ 3.0	> 0.90	< 0.08	< 0.08	> 0.9	> 0.9	> 0.9
统计值	2.573	0.992	0.007	0.065	0.959	0.992	0.995

由于正式调研使用的工作绩效量表是单一维度，不需要进行区分效度的检验。根据工作绩效量表验证性因子分析的结果，可计算收敛效度指标值，结果见表 5-27。

表 5-27　工作绩效量表收敛效度检验结果（N=369）

维度	题项	标准化载荷	标准误差（SE）	AVE
工作绩效（TP）	TP1	0.695	0.035	0.533
	TP2	0.736	0.023	
	TP3	0.757	0.025	
	TP4	0.761	0.022	
	TP5	0.698	0.023	

（3）工作绩效量表预测试信度检验

在测井技术服务员工样本中，工作绩效量表预测试信度检验结果见表 5-28。由信度检验结果可知，量表的信度系数大于 0.7，题项的 CITC 值均大于 0.50。工作绩效量表在预测试中具有较好的测量信度。

表 5-28　工作绩效量表预测试信度检验结果（N=286）

维度	题项	CITC 值	Alpha if Item Deleted	α 值
工作绩效（TP）	TP1	0.594	0.853	0.861
	TP2	0.676	0.834	
	TP3	0.718	0.824	
	TP4	0.743	0.817	
	TP5	0.705	0.827	

（4）工作绩效量表正式测试信度检验

对正式调研数据进行工作绩效信度分析，分析结果见表5-29。由结果可知，信度系数大于0.80。5个题项的CITC值均大于0.50。由检验结果可知，工作绩效量表在正式测试中亦有较好的测量信度。

表 5-29　工作绩效量表正式测试信度检验结果（N=369）

维度	题项	CITC 值	Alpha if Item Deleted	α 值
工作绩效（TP）	TP1	0.606	0.860	0.867
	TP2	0.683	0.832	
	TP3	0.696	0.829	
	TP4	0.754	0.815	
	TP5	0.697	0.829	

5.5.4　成长型思维

（1）成长型思维量表预测试效度检验

首先对成长型思维量表预测试数据进行 KMO 和 Bartlett 球形度检验，检验结果见表5-30。由结果可知，数据的 KMO 值为 0.753，大于 0.70；Bartlett 球形度检验显著性水平小于 0.001，达到显著水平，表示样本适合作因子分析。

表 5-30　成长型思维量表预测试 KMO 和 Bartlett 球形度检验（N=286）

KMO		0.753
Bartlett 球形度检验	近似卡方	526.796
	自由度	3
	显著性	0.000

利用主成分分析法提取出1个因子。由表5-31探索性因子分析

结果可知，成长型思维所有题项的方差解释率为 83.329%，每个题项在对应因子上的载荷均大于 0.50，且该因子累计方差解释率大于60%。

表 5-31 成长型思维量表预测试探索性因子分析结果（N=286）

题项/因子	1	备注
GM1	0.916	
GM2	0.917	
GM3	0.906	
因子命名	成长型思维（GM）	
方差解释率	83.329%	

（2）成长型思维量表正式测试效度检验

运用正式调研数据，进行成长型思维量表的 KMO 和 Bartlett 球形度检验，检验结果见表 5-32。由结果可知，数据的 KMO 值为 0.754，大于 0.70；Bartlett 球形度检验显著性水平小于 0.001，达到显著水平，表示样本适合进行因子分析。

表 5-32 成长型思维量表 KMO 和 Bartlett 球形度检验（N=369）

KMO		0.754
Bartlett 球形度检验	近似卡方	687.929
	自由度	3
	显著性	0.000

通过主成分分析法，共提取 1 个因子，累计方差解释率 83.513%。所有题项在所属因子上的载荷均大于 0.5，具体见表 5-33。另外，调研使用的成长型思维模式量表由三个题项构成，模型饱和，无法检验拟合适配度。

表 5-33　成长型思维量表探索性因子分析结果（N=369）

题项/因子	1	备注
GM1	0.916	
GM2	0.917	
GM3	0.908	
因子命名	成长型思维（GM）	
方差解释率	83.513%	

（3）成长型思维量表预测试信度检验

在测井技术服务员工样本中，成长型思维量表预测试信度检验结果见表 5-34。由信度检验结果可知，量表的信度系数大于 0.7，题项的 CITC 值均大于 0.50。由结果可知，成长型思维量表在预测试中具有较好的测量信度。

表 5-34　成长型思维量表预测试信度检验结果（N=286）

维度	题项	CITC 值	Alpha if Item Deleted	α 值
成长型思维（GM）	GM1	0.807	0.859	0.900
	GM2	0.809	0.850	
	GM3	0.789	0.868	

（4）成长型思维量表正式测试信度检验

对正式调研数据进行工作绩效信度分析，分析结果见表 5-35。由结果可知，信度系数大于 0.80。3 个题项的 CITC 值均大于 0.50。由检验结果可知，成长型思维量表在正式测试中有较好的测量信度。

表 5-35　成长型思维量表正式测试信度检验结果（N=369）

维度	题项	CITC 值	Alpha if Item Deleted	α 值
成长型思维（GM）	GM1	0.608	0.855	0.901
	GM2	0.810	0.854	
	GM3	0.794	0.867	

5.6　数据分析与假设检验

5.6.1　共同方法偏差检验

采用 Harman 单因子检验法，对共同方法偏差进行检验。将测井技术服务员工情景约束、成长型思维、挑战性认知评价、威胁性认知评价、工作敬业度、工作绩效共计 32 个题项并入，进行未旋转的探索性因子分析，共提取 5 个因子。其中，总方差解释率为 67.725%。第一个因子的方差解释率为 22.514%，小于总方差解释率的一半。因此，研究不存在严重的共同方法偏差问题。

5.6.2　共线性检验

本研究在进行实证分析的过程中，对每个回归方程进行方差膨胀因子检验，VIF 值均不大于 1.62，远小于 10，具体数值见回归分析表 5-38、5-43、5-44 和 5-47 末行，说明本研究不存在严重共线性问题。在测井技术服务员工情景约束对工作绩效和工作敬业度的影响研究中进行调节效应检验，对自变量和调节变量进行了中心化处理。

5.6.3 区分效度检验

为了检验研究变量"员工情景约束""成长型思维""挑战性认知评价""威胁性认知评价""工作敬业度"和"工作绩效"的区分效度及各量表的测量参数,本研究使用Amos24.0对研究变量进行了验证性因素分析。由表5-36所示的分析结果,六因子模型的拟合优度较好(x^2(449)=1105.362,RMSEA=0.063,CFI=0.908,TLI=0.899,SRMR=0.046),显著优于五因子、四因子等模型拟合优度,表明变量是六个不同的概念。

表5-36 验证性因子分析结果(N=369)

模型	x^2	df	RMSEA	CFI	TLI	SRMR
六因子模型	1105.362	449	0.063	0.908	0.899	0.046
五因子模型	1497.472	454	0.079	0.854	0.841	0.099
四因子模型	2335.369	458	0.106	0.737	0.716	0.107
三因子模型	2687.068	461	0.115	0.689	0.665	0.100
二因子模型	3451.282	463	0.132	0.582	0.552	0.121
一因子模型	5180.918	464	0.166	0.340	0.295	0.146

注:1. 六因子模型:员工情景约束,成长型思维,挑战性认知评价,威胁性认知评价,工作敬业度,工作绩效。
2. 五因子模型:员工情景约束,成长型思维,挑战性认知评价+威胁性认知评价,工作敬业度,工作绩效。
3. 四因子模型:员工情景约束,成长型思维,挑战性认知评价+威胁性认知评价,工作敬业度+工作绩效。
4. 三因子模型:员工情景约束,成长型思维+挑战性认知评价+威胁性认知评价,工作敬业度+工作绩效。
5. 二因子模型:员工情景约束+成长型思维+挑战性认知评价+威胁性认知评价,工作敬业度+工作绩效。
6. 一因子模型:所有变量作为一个潜在因子。

5.6.4 描述性统计及相关分析

对研究包含的变量进行描述性统计分析与相关分析，结果见表5-37。由分析结果可知，员工情景约束和工作敬业度不相关，然而挑战性认知评价和威胁性认知评价均与工作敬业度显著相关，相关系数分别为 0.360（$p < 0.001$）和 -0.335（$p < 0.001$）。员工情景约束和工作绩效不相关，然而挑战性认知评价和威胁性认知评价均与工作绩效显著相关，相关系数分别为 0.120（$p < 0.05$）和 -0.110（$p < 0.05$）。相关分析结果初步否定了员工情景约束和工作敬业度与工作绩效的直接关系，下面对变量之间的关系作进一步分析。

表5-37　主要变量描述统计及相关分析结果（N=369）

变量	均值	标准差	1	2	3	4	5	6
员工情景约束	2.64	0.889	1					
挑战性认知评价	3.81	0.842	0.166**	1				
威胁性认知评价	2.61	0.902	0.336***	-0.097	1			
成长型思维	2.90	1.123	-0.265***	0.379***	-0.355***	1		
工作敬业度	4.11	0.586	0.063	0.360***	-0.335***	0.098	1	
工作绩效	4.19	0.570	0.053	0.120*	-0.110*	0.053	-0.414***	1

注：*$p < 0.05$，**$p < 0.01$，***$p < 0.001$。

5.6.5 假设检验的回归结果分析

（1）主效应检验结果分析

首先对主效应进行检验，结果见表5-38。模型1和2以工作敬业度为因变量，模型3和4以工作绩效为因变量，其中模型1和3为基准模型，仅纳入控制变量。从模型2的结果可知，员工情景约束的回归系数为 0.069（$p > 0.05$），说明测井技术服务员工情景约束对工作敬业度没有显著影响，假设 H1a 未得到支持。从模型 4 的结果可知，员工情景约束的回归系数为 0.043（$p > 0.05$），说明测井技术服务员工情景约束对工作绩效没有显著影响，假设 H1b 未得到支持。

表 5-38 主效应检验结果（N=369）

变量	工作敬业度		工作绩效	
模型	模型 1	模型 2	模型 3	模型 4
努力-绩效一致期望	0.074	0.074	0.086	0.086
物质关联性	−0.080	−0.089	−0.094*	−0.100*
非物质关联性	0.048	0.065	0.017	0.027
物质效价	0.047	0.051	−0.002	0.001
非物质效价	0.047	0.042	0.056	0.052
情景约束		0.069		0.043
常数项	3.856***	3.648***	3.903***	3.773***
F	1.035	1.213	1.691	1.684
R^2	0.014	0.020	0.023	0.027
$A-R^2$	0.000	0.003	0.009	0.011
ΔR^2	0.014	0.006	0.023	0.004
VIF	1.62	1.53	1.62	1.53

注：*$p < 0.05$，**$p < 0.01$，***$p < 0.001$。

（2）中介效应检验结果分析

假设 H2a 指出，测井技术服务员工情景约束通过挑战性认知评价对工作敬业度产生积极影响；假设 H2b 指出，员工情景约束通过挑战性认知评价对工作绩效产生积极影响。在 Process 中使用 5000 个样本的 bootstrapping 对假设 H2a 和 H2b 进行检验。表 5-39 中的 bootstrapping 结果表明，在控制努力-绩效一致期望、关联性和效价的情况下，测井技术服务员工情景约束通过挑战性认知评价对工作敬业度的正向间接影响显著（Effect = 0.06, SE = 0.02, 95% CI = [0.02, 0.10]）；表 5-40 的结果表明，测井技术服务员工情景约束通过挑战性认知评价对工作绩效的间接影响不显著（Effect = 0.01, SE = 0.01, 95% CI = [-0.002, 0.03]）。因此，挑战性认知评价在员工情景约束和工作敬业度之间起完全中介作用，H2a 得到支持；而挑战性认知评价在员工情景约束和工作绩效之间未起到中介作用，H2b 未得到支持。

表 5-39 挑战性认知评价在员工情景约束与工作敬业度之间的间接效应（N=369）

路径	b	标准误差	95% 置信区间
员工情景约束→挑战性认知评价	0.01	0.05	[-0.08, 0.10]
挑战性认知评价→工作敬业度	0.34***	0.05	[0.25, 0.44]
员工情景约束→挑战性认知评价→工作敬业度	0.06	0.02	[0.02, 0.10]

注：*** 表示 $p < 0.001$。

表 5-40 挑战性认知评价在员工情景约束与工作绩效之间的间接效应（N=369）

路径	b	标准误差	95% 置信区间
员工情景约束→挑战性认知评价	0.03	0.05	[-0.03, 0.10]
挑战性认知评价→工作绩效	0.06	0.04	[-0.01, 0.14]
员工情景约束→挑战性认知评价→工作绩效	0.01	0.01	[-0.001, 0.03]

假设 H2c 指出，测井技术服务员工情景约束通过威胁性认知评价对工作敬业度产生消极影响；假设 H2d 指出，测井技术服务员工情景约束通过威胁性认知评价对工作绩效产生消极影响。在 Process 中使用 5000 个样本的 bootstrapping 对假设 H2c 和 H2d 进行检验。表 5-41 中的 bootstrapping 结果表明，在控制努力 - 绩效一致期望、关联性和效价的情况下，测井技术服务员工情景约束通过威胁性认知评价对工作敬业度的负向间接影响显著（Effect = -0.12, SE = 0.03, 95% CI = [-0.18, -0.08]）。表 5-42 的结果表明，员工情景约束通过

威胁性认知评价对工作绩效的负向间接影响显著（Effect = –0.03, SE = 0.01, 95% CI = [–0.06, –0.01]）。因此，威胁性认知评价在员工情景约束与工作敬业度和工作绩效之间均起完全中介作用，假设 H2c 和 H2d 得到支持。

表 5-41　威胁性认知评价在员工情景约束与工作敬业度之间的间接效应（N=369）

路径	b	标准误差	95% 置信区间
员工情景约束→威胁性认知评价	0.19***	0.05	[0.10, 0.28]
威胁性认知评价→工作敬业度	–0.36***	0.05	[–0.45, –0.27]
员工情景约束→威胁性认知评价→工作敬业度	–0.12	0.03	[–0.18, –0.08]

注：*** 表示 $p < 0.001$。

表 5-42　威胁性认知评价在员工情景约束与工作绩效之间的间接效应（N=369）

路径	b	标准误差	95% 置信区间
员工情景约束→威胁性认知评价	0.07*	0.04	[0.01, 0.14]
威胁性认知评价→工作绩效	–0.09**	0.03	[–0.16, –0.02]
员工情景约束→威胁性认知评价→工作绩效	–0.03	0.01	[–0.06, –0.01]

注：* 表示 $p < 0.05$，** 表示 $p < 0.01$。

挑战性认知评价的中介效应在表 5-43 回归分析结果中也得到了证实，模型 5 和 6 均以挑战性认知评价为因变量，模型 5 纳入控制变量，模型 6 在模型 5 的基础上加入自变量员工情景约束，回归系数为 0.168（$p < 0.001$），达到显著水平。模型 7 和 8 以工作敬业度为因变量，模型 7 纳入控制变量和自变量员工情景约束，模型 8 在此基础上纳入中介变量挑战性评认知评价，控制自变量的情况下回归系数为 0.347（$p < 0.001$），达到显著水平，假设 H2a 得到支持。模型 9 和 10 以工作绩效作为因变量，模型 9 纳入控制变量和自变量员工情景约束，模型 10 在此基础上纳入中介变量挑战性评认知评价，

控制自变量的情况下回归系数为 0.063（$p > 0.05$），未达到显著水平，H2b 未得到支持。

表 5-43 挑战性认知评价的间接效应（N=369）

变量	挑战性认知评价		工作敬业度		工作绩效	工作绩效
模型	模型 5	模型 6	模型 7	模型 8	模型 9	模型 10
努力-绩效一致期望	0.366***	0.365***	0.074	−0.053	0.086	0.063
物质关联性	−0.029	−0.052	−0.089	−0.071	−0.100*	−0.097*
非物质关联性	−0.056	−0.016	0.065	0.070	0.027	0.028
物质效价	−0.065	−0.056	0.051	0.070	0.001	0.004
非物质效价	0.134	0.122	0.042	0	0.052	0.045
员工情景约束		0.168***	0.069	0.010	0.043	0.032
挑战性认知评价				0.347***		0.063
常数项	2.513***	2.003***	3.648***	2.953***	3.773***	3.646***
F	6.218	7.420	1.213	8.260	1.684	1.863
R^2	0.066	0.110	0.020	0.138	0.027	0.035
$A-R^2$	0.066	0.095	0.003	0.121	0.011	0.016
ΔR^2	0.079	0.031	0.006	0.118	0.004	0.008
VIF	1.62	1.53	1.53	1.49	1.53	1.49

注：* 表示 $p < 0.05$，*** 表示 $p < 0.001$。

威胁性认知评价的中介效应在表 5-44 回归分析结果中得到了证实，模型 11 和 12 均以威胁性认知评价为因变量，模型 11 纳入控制变量，模型 12 在模型 11 的基础上加入自变量情景约束，回归系数为 0.338（$p < 0.001$），达到显著水平。模型 13 以工作敬业度为因变量，在模型 7 的基础上纳入中介变量威胁性评认知评价，控制自变量的情况下回归系数为 −0.364（$p < 0.001$），达到显著水平，假设 H2c 得到支持。模型 14 以工作绩效作为因变量，在模型 9 的基础上纳入中

介变量威胁性评认知评价，控制自变量的情况下回归系数为 −0.093（$p < 0.01$），达到显著水平，H2d 得到支持。

表 5-44　威胁性认知评价的间接效应（N=369）

变量	威胁性认知评价		工作敬业度	工作绩效
模型	模型 11	模型 12	模型 13	模型 14
努力－绩效一致期望	−0.027	−0.029	0.063	0.083
物质关联性	0.094	0.049	−0.071	−0.096*
非物质关联性	−0.046	0.034	0.077	0.030
物质效价	−0.159*	−0.139	0	−0.012
非物质效价	0.203*	0.178	0.107	0.069
情景约束		0.338***	0.192***	0.074
威胁性认知评价			−0.364***	−0.093**
常数项	2.449***	1.419***	4.165***	3.904***
F	1.775	9.226	10.226	2.475
R^2	0.024	0.133	0.165	0.046
A-R^2	0.010	0.118	0.149	0.027
ΔR^2	0.024	0.109	0.146	0.019
VIF	1.62	1.53	1.50	1.50

注：* 表示 $p < 0.05$，** 表示 $p < 0.01$，*** 表示 $p < 0.001$。

假设 H2e 提出员工情景约束可以通过挑战性认知评价和工作敬业度正向影响工作绩效。在 SPSS 中利用 Process 对链式中介效应进行检验，使用 5000 个 bootstrap 样本创建 95% 偏差校正置信区间（CI），置信区间中不含零则说明中介效应显著[250]。表 5-45 可见中介效应结果（模型 4）。当挑战性认知评价与工作敬业度均被视为中介变量时（SC→CA→WE→TP），链式中介效应不显著（Effect = 0.017, SE = 0.006, 95% CI [−0.007, 0.031]）。

表 5-45　员工情景约束通过挑战性认知评价与工作敬业度到工作绩效链式中介效应

模型	路径	CA	WE	TP	标准误差	R^2	95% 置信区间
1	SC	0.138**			0.048	0.110	
2	SC		0.010		0.045	0.138	
	CA		0.347***		0.049		
3	SC			0.029	0.031	0.188	
	CA			−0.041	0.036		
	WE			0.299***	0.036		
4	SC（直接效应）			0.029	0.031		[−0.032, 0.091]
	SC（总效应）			0.014	0.015		[−0.022, 0.005]
	SC→CA→TP			−0.007	0.007		[−0.022, 0.005]
	SC→WE→TP			0.003	0.014		[−0.024, 0.032]
	SC→CA→WE→TP			0.017	0.006		[−0.007, 0.031]

注：** $p < 0.01$，*** $p < 0.001$；SC 表示测井技术服务员工情景约束；CA 表示挑战性认知评价；WE 表示工作敬业度；TP 表示工作绩效。

假设 H2f 提出测井技术服务员工情景约束可以通过威胁性认知评价和工作敬业度负向影响工作绩效。表 5-46 可见中介效应结果（模型 4）。当威胁性认知评价与工作敬业度均被视为中介变量时（SC→TA→WE→TP），链式中介效应显著（Effect = −0.036, SE = 0.009, 95% CI [−0.056, −0.020]），因此假设 H2f 得到支持。

表 5-46　员工情景约束通过威胁性认知评价与工作敬业度到工作绩效链式中介效应

模型	路径	TA	WE	TP	标准误差	R^2	95% 置信区间
1	SC	0.338***			0.050	0.133	
2	SC		0.192		0.047	0.138	
	TA		−0.364***		0.046		
3	SC			0.019	0.031	0.185	
	TA			0.013	0.036		
	WE			0.291***	0.037		

续表

模型	路径	TA	WE	TP	标准误差	R^2	95% 置信区间
4	SC（直接效应）			0.019	0.034		[-0.047, 0.084]
	SC（总效应）			0.024	0.020		[-0.012, 0.065]
	SC → TA			0.005	0.012		[-0.019, 0.031]
	SC → WE			0.056	0.016		[0.028, 0.090]
	SC → TA → WE			-0.036	0.009		[-0.056, -0.020]

注：*** $p < 0.001$；SC 表示测井技术服务员工情景约束；TA 表示威胁性认知评价；WE 表示工作敬业度；TP 表示工作绩效。

假设 H3a 预测成长型思维模式对测井技术服务员工情景约束与压力认知评价之间的关系具有调节作用。表 5-47 模型 15 中员工情景约束和成长型思维交互项的回归结果不显著（ $\gamma = 0.004$，$p > 0.05$ ），因此假设 H3a 未得到支持，成长型思维对员工情景约束与挑战性认知评价的正向关系未起到调节作用。表 5-47 模型 16 中以威胁性认知评价作为结果变量，员工情景约束和成长型思维交互项的回归结果显著（ $\gamma = -0.121$，$p < 0.01$ ），因此假设 3b 得到支持，成长型思维负向调节测井技术服务员工情景约束与威胁性认知评价的正向关系。图 5-2 显示成长型思维模式的负向调节作用。

表 5-47 调节效应分析结果（ $N = 369$ ）

变量	挑战性认知评价	威胁性认知评价
模型	模型 15	模型 16
努力 - 绩效一致期望	0.264	0.040
物质关联性	-0.012***	0.008
非物质关联性	-0.024	0.036
物质效价	-0.095	-0.110
非物质效价	0.145	0.125
员工情景约束	0.269***	0.251***

续表

变量	挑战性认知评价	威胁性认知评价
成长型思维	0.317***	−0.225***
员工情景约束 × 成长型思维	0.004	−0.121**
常数项	2.795***	2.243***
F	16.601***	12.971***
R^2	0.270	0.224
$A-R^2$	0.253	0.206
ΔR^2	0	0.016**
VIF	1.45	1.45

注：** 表示 $p < 0.01$，*** 表示 $p < 0.001$；表中回归系数为非标准化系数。

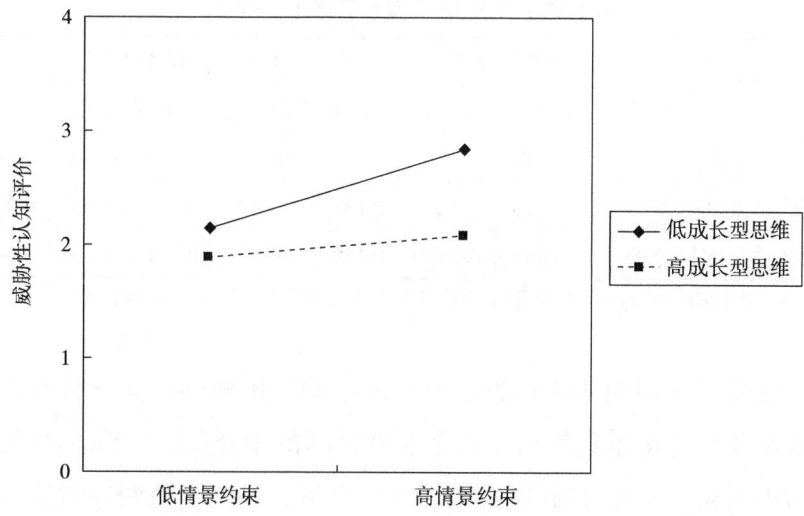

图 5-2 成长型思维在测井技术服务员工情景约束 – 认知评价之间的调节作用

假设 H4a 预测成长型思维模式能够调节挑战性认知评价在测井技术服务员工情景约束与工作敬业度之间的中介效应。采用 Process 将中介和调节效应纳入同一分析框架，结果见表 5-48。在高和低成长型思维水平下，员工情景约束对工作敬业度的间接效应均显著。

然而，高、低水平下间接效应的差异不显著，被调节的中介指数为 0.002，95% 置信区间为 CI = [-0.026，0.038]，说明被调节的中介效应不显著，假设 H4a 未得到支持。

假设 H4b 预测成长型思维模式能够调节挑战性认知评价在测井技术服务员工情景约束与工作绩效之间的中介效应。Process 的检验结果见表 5-48。在高和低成长型思维水平下，员工情景约束对工作绩效的间接效应均不显著。被调节的中介指数为 0.0003，95% 置信区间为 CI = [-0.056，0.086]，说明被调节的中介效应不显著，假设 H4b 未得到支持。

表 5-48 挑战性认知评价在不同思维模式水平下的中介效应及其 95% 置信区间（N=369）

调节变量	工作敬业度				任务绩效			
	间接效应	SE	LLCI	ULCI	间接效应	SE	LLCI	ULCI
低成长型思维	0.092	0.027	0.039	0.145	0.017	0.011	-0.003	0.040
中成长型思维	0.093	0.021	0.055	0.138	0.017	0.011	-0.003	0.040
高成长型思维	0.095	0.029	0.047	0.159	0.017	0.012	-0.003	0.044

注：成长型思维的 3 个值分别是均值及其上下 1 个标准差。SE= 标准误差。

假设 H4c 预测成长型思维模式能够调节威胁性认知评价在测井技术服务员工情景约束与工作敬业度之间的中介效应。Process 的检验结果见表 5-49。在低成长型思维水平下，员工情景约束对工作敬业度的间接效应均显著（b=-0.141, 95%CI = [-0.216, -0.072]）；在高成长型思维水平下，员工情景约束对工作敬业度的间接效应不显著。然而，高、低水平下间接效应的差异显著，被调节的中介指数为 0.044，95% 置信区间为 CI = [0.004，0.087]，说明被调节的中介效应显著，假设 H4c 得到支持。

表 5-49　威胁性认知评价在不同思维模式水平下的中介效应及其 95% 置信区间（N=369）

调节变量	工作敬业度				任务绩效			
	间接效应	SE	LLCI	ULCI	间接效应	SE	LLCI	ULCI
低成长型思维	−0.141	0.037	−0.216	−0.072	−0.036	0.011	0.016	−0.008
中成长型思维	−0.092	0.024	−0.140	−0.048	−0.023	0.011	0.010	−0.005
高成长型思维	−0.042	0.030	−0.101	0.016	−0.011	0.012	0.009	0.003

注：成长型思维的 3 个值分别为均值及其上下 1 个标准差。SE= 标准误差。

假设 4d 预测成长型思维模式能够调节威胁性认知评价在测井技术服务员工情景约束与工作绩效之间的中介效应。Process 的检验结果见表 5-49。在低成长型思维水平下，测井技术服务员工情景约束对工作绩效的间接效应显著（b=−0.036, 95%CI = [−0.070, −0.008]）；在高成长型思维水平下，员工情景约束对工作绩效的间接效应不显著。然而，高、低水平下间接效应的差异显著，被调节的中介指数为 0.011，95% 置信区间为 CI = [0.216, 0.026]，说明被调节的中介效应显著，假设 H4d 得到支持。

5.7　研究稳健性检验

5.7.1　检验准备

项目打包可以将观测变量打包成一个单一的指标，减少了观测变量之间的相关性，从而避免了潜在的共线性问题。与第 4 章相似，本章通过项目打包以减少模型中的观测变量数量，使得模型更加简洁。由于工作敬业度在本研究中共有 9 个题项，选用平衡法对工作敬业度进行项目打包。根据工作敬业度的因子分析，将题目按负荷大小由高至低排列，再按照小组间差异的方式排列、打包[215]。工作敬业度的模型拟合度在第 4 章中已经经过检测，拟合程度均在较好，删除不符合检验标准的题项后各变量测量值符合正态分布，符合回归分析的要求。

5.7.2 检验结果

（1）主效应模型拟合及假设检验

运用结构方程模型分析技术，采用极大似然估计，对模型拟合情况进行检验，检验结果见表 5-50。由检验结果可知，测井技术服务员工情景约束与工作敬业度的模型（SC→WE）拟合指标（x^2=15.542，df=12，CFI=0.994，TLI=0.981，RMSEA=0.028，SRMR=0.029），均符合模型指标的检验标准，模型拟合程度较好。员工情景约束与工作绩效的模型（SC→TP）拟合指标（x^2=114.641，df=29，CFI=0.939，TLI=0.885，RMSEA=0.090，SRMR=0.017），均符合模型指标的检验标准，模型拟合程度较好。

表 5-50 主效应拟合模型指标

拟合度指标	关键值（建议值）	SC→WE	SC→TP
MLM	越小越好	15.542	114.641
df	越大越好	12	29
CFI	>0.9	0.994	0.939
TLI	>0.9	0.981	0.885
RMSEA	<0.08	0.028	0.090
SRMR	<0.08	0.029	0.017

注：SC 表示测井技术服务员工情景约束；WE 表示工作敬业度；TP 表示工作绩效。

运用结构方程模型,对测井技术服务员工情景约束与结果变量之间的影响效应进行分析,模型检验结果见表5-51。测井技术服务员工情景约束至工作敬业度的非标准化路径系数为0.17,显著性为$p>0.05$,检验结果显示假设H1a不成立。测井技术服务员工情景约束至工作绩效的非标准化路径系数为0.034,显著性为$p>0.05$,检验结果显示假设H1b不成立。主效应的检验结果,与多元回归分析假设检验结果一致。

表 5-51　主效应的 SEM 假设检验非标准化结果

因变量	自变量	系数	标准误差	显著性	R-SQUARE
工作敬业度	员工情景约束	0.17	0.019	0.367	0.013
工作绩效	员工情景约束	0.034	0.033	0.309	0.027

(2)中介效应模型拟合及假设检验

运用结构方程模型分析,采用极大似然估计,对中介效应模型拟合情况进行检验,检验结果见表5-52。由检验结果可知,挑战性认知评价在测井技术服务员工情景约束与工作敬业度之间的中介模型(SC→CA→WE)拟合指标(x^2=45.038,df=12,CFI=0.946,TLI=0.906,RMSEA=0.086,SRMR=0.077)符合模型指标的检验标准。威胁性认知评价在测井技术服务员工情景约束与工作敬业度之间的中介模型(SC→TA→WE)拟合指标(x^2=44.916,df=12,CFI=0.936,TLI=0.889,RMSEA=0.086,SRMR=0.066)符合模型指标的检验标准。挑战性认知评价在测井技术服务员工情景约束与工作绩效之间的中介模型(SC→CA→TP)拟合指标(x^2=141.509,df=25,CFI=0.905,TLI=0.863,RMSEA=0.113,SRMR=0.037)符合模型指标的检验标准。威胁性认知评价在测井技术服务员工情景约束与工作绩效之间的中介模型（SC → TA → TP）拟合指标（x^2=123.824，df=25，CFI=0.924，TLI=0.891，RMSEA=0.104，SRMR=0.031）符合模型指标的检验标准。挑战性认知评价和工作敬业度在测井技术服务员工情景约束与工作绩效之间的链式中介模型（SC → CA → WE → TP）拟合指标（x^2=209.099，df=49，CFI=0.903，TLI=0.870，RMSEA=0.094，SRMR=0.059）符合模型指标的检验标准。威胁性认知评价和工作敬业度在测井技术服务员工情景约束与工作绩效之间的中介模型（SC → TA → WE → TP）拟合指标（x^2=208.905，df=49，CFI=0.897，TLI=0.862，RMSEA=0.094，SRMR=0.052）符合模型指标的检验标准。以上测量数据的模型拟合程度均较好。

表 5-52　中介效应研究模型拟合指标

拟合度指标	关键值（建议值）	SC → CA → WE	SC → TA → WE	SC → CA → TP	SC → TA → TP	SC → CA → WE → TP	SC → TA → WE → TP
MLM	越小越好	45.038	44.916	141.509	123.824	209.099	208.905
df	越大越好	12	12	25	25	49	49
CFI	> 0.9	0.946	0.936	0.905	0.924	0.903	0.897
TLI	> 0.9	0.906	0.889	0.863	0.891	0.870	0.862
RMSEA	< 0.08	0.086	0.086	0.113	0.104	0.094	0.094
SRMR	< 0.08	0.077	0.066	0.037	0.031	0.059	0.052

注：SC 表示测井技术服务员工情景约束；CA 表示挑战性认知评价；TA 表示威胁性认知评价；WE 表示工作敬业度；TP 表示工作绩效。

在使用结构方程模型进行稳健性检验时，将 Bootstrap 法用于压力认知评价在测井技术服务员工情景约束对工作敬业度和工作绩效影响过程中的中介效应检验。进行中介效应检验时，设置重复抽

第 5 章 测井技术服务员工情景约束对工作绩效的影响实证研究

样 1000 次，中介模型的假设检验结果见表 5-53。由检验结果可知，员工情景约束到挑战性认知评价的路径系数为 0.175（$p<0.001$），达到显著水平，挑战性认知评价到工作敬业度的路径系数为 0.236（$p<0.001$），达到显著水平。员工情景约束到威胁性认知评价的路径系数为 0.278（$p<0.001$），达到显著水平，威胁性认知评价到工作敬业度的路径系数为 −0.479（$p<0.001$），达到显著水平。当结果变量为工作绩效时，员工情景约束到挑战性认知评价的路径系数为 0.172（$p<0.001$），达到显著水平，挑战性认知评价到工作绩效的路径系数为 0.1（$p<0.05$），达到显著水平。员工情景约束到威胁性认知评价的路径系数为 0.285（$p<0.001$），达到显著水平，威胁性认知评价到工作绩效的路径系数为 −0.140（$p<0.01$），达到显著水平。

表 5-53 中介模型假设非标准化检验结果

模型	因变量	自变量	路径系数	SE	P-Value
1	挑战性认知评价	员工情景约束	0.175	0.049	***
	工作敬业度	员工情景约束	0.016	0.037	0.666
		挑战性认知评价	0.236	0.058	***
2	威胁性认知评价	员工情景约束	0.278	0.049	***
	工作敬业度	员工情景约束	0.197	0.047	***
		威胁性认知评价	−0.479	0.084	***
3	挑战性认知评价	员工情景约束	0.172	0.049	***
	工作绩效	员工情景约束	0.007	0.033	0.830
		挑战性认知评价	0.100	0.040	0.012
4	威胁性认知评价	员工情景约束	0.285	0.049	***
	工作绩效	员工情景约束	0.064	0.035	0.068
		威胁性认知评价	−0.140	0.048	0.004
5	挑战性认知评价	员工情景约束	0.175	0.049	***

续表

模型	因变量	自变量	路径系数	SE	P-Value
5	工作敬业度	挑战性认知评价	0.232	0.053	***
	工作绩效	工作敬业度	0.813	0.153	***
6	威胁性认知评价	员工情景约束	0.278	0.049	***
	工作敬业度	威胁性认知评价	−0.465	0.076	***
	工作绩效	工作敬业度	1.020	0.225	***

注：***$p < 0.001$。

表 5-54 压力认知评价的中介效应检验结果

中介效果	检验系数			偏差校正 95% 置信区间	
	Estimate	SE	P-Value	Lower	Upper
M1	0.041	0.017	0.001	0.015	0.086
M2	−0.133	0.040	0.001	−0.236	−0.069
M3	0.001	0.005	0.616	−0.006	0.014
M4	−0.040	0.017	0.03	−0.090	−0.014
M5	0.034	0.033	0.278	−0.032	0.102
M6	−0.143	0.080	0.038	0.054	0.363

注：M1 为挑战性认知评价在员工情景约束与工作敬业度之间的中介效果；M2 为威胁性认知评价在员工情景约束与工作敬业度之间的中介效果；M3 为挑战性认知评价在员工情景约束与工作绩效之间的中介效果；M4 为威胁性认知评价在员工情景约束与工作绩效之间的中介效果；M5 为挑战性认知评价和工作敬业度在员工情景约束与工作绩效之间的中介效果；M6 为威胁性认知评价和工作敬业度在员工情景约束与工作绩效之间的中介效果。

压力认知评价的中介效应检验结果见表 5-54，根据检验结果，挑战性认知评价在测井技术服务员工情景约束与工作敬业度之间的中介效应 M1 显著（$\beta=0.041$，$p < 0.001$），Bootstrap=1000 的 95% 置信区间为 [0.015，0.086]，不包含 0，假设 H2a 得到支持。威胁性认知评价在测井技术服务员工情景约束与工作敬业度之间的中介效

应 M2 显著（β=−0.133，$p < 0.001$），Bootstrap=1000 的 95% 置信区间为 [−0.236，−0.069]，不包含 0，假设 H2c 得到支持。挑战性认知评价在测井技术服务员工情景约束与工作绩效之间的中介效应 M3 不显著（β=0.001，$p > 0.05$），Bootstrap=1000 的 95% 置信区间为 [−0.006，0.014]，包含 0，假设 H2b 未得到支持。威胁性认知评价在测井技术服务员工情景约束与工作绩效之间的中介效应 M4 显著（β=−0.040，$p < 0.001$），Bootstrap=1000 的 95% 置信区间为 [−0.090，−0.014]，不包含 0，假设 H2d 得到支持。挑战性认知评价和工作敬业度在测井技术服务员工情景约束与工作绩效之间的中介效应 M5 显著（β=0.034，$p > 0.05$），未达到显著水平，Bootstrap = 1000 的 95% 置信区间为 [−0.032，0.102]，包含 0，假设 H2e 未得到支持。威胁性认知评价和工作敬业度在测井技术服务员工情景约束与工作绩效之间的中介效应 M6 显著（β=−0.143，$p < 0.001$），Bootstrap=1000 的 95% 置信区间为 [0.054，0.363]，不包含 0，假设 H2f 得到支持。中介效应的检验结果，与多元回归分析假设检验结果一致。

（3）调节模型的拟合及假设检验

运用结构方程模型分析，采用极大似然估计，对模型拟合情况进行检验，检验结果见表 5-55。由检验结果可知，成长型思维在测井技术服务员工情景约束与挑战性认知评价之间构成的调节模型（SC×GMCA）拟合指标（x^2=6.986，df=6，CFI=0.999，TLI=0.998，RMSEA=0.021，SRMR=0.027）符合模型指标的检验标准。成长型思维在测井技术服务员工情景约束与威胁性认知评价之间构成的调节模型（SC×GMTA）拟合指标（x^2=21.672，df=6，CFI=0.989，TLI=0.972，RMSEA=0.084，SRMR=0.064）符合模型指标的检验标准。以上测量数据的模型拟合程度良好。

表 5-55 调节效应研究模型拟合指标

拟合度指标	关键值（建议值）	SC × GMCA	SC × GMTA
MLM	越小越好	6.986	21.672
Df	越大越好	6	6
CFI	> 0.9	0.999	0.989
TLI	> 0.9	0.998	0.972
RMSEA	< 0.08	0.021	0.084
SRMR	< 0.08	0.027	0.064

运用结构方程模型，进行调节效应模型检验。检验结果见表 5-56。当结果变量为挑战性认知评价时，成长型思维与员工情景约束的交互项路径系数为 -0.022，$p > 0.05$，未达到显著水平，说明成长型思维在员工情景约束与挑战性认知评价之间的调节作用不显著，假设 H5a 未得到支持。当结果变量为威胁性认知评价时，成长型思维与员工情景约束的交互项路径系数为 -0.123，$p > 0.01$，达到显著水平，说明成长型思维在员工情景约束与威胁性认知评价之间的负向调节作用显著，假设 H5b 得到支持。调节效应的检验结果与多元回归分析假设检验结果一致。

表 5-56 调节效应非标准化检验结果

因变量	自变量	路径系数	SE	P-Value
挑战性认知评价	员工情景约束	0.343	0.120	0.004
	成长型思维	0.395	0.113	***
	二者交互项	-0.022	0.039	0.585
威胁性认知评价	员工情景约束	0.552	0.124	***
	成长型思维	0.107	0.112	0.337
	二者交互项	-0.123	0.040	0.002

注：***$p < 0.001$。

成长型思维在测井技术服务员工情景约束与压力评价认知之间的调节效应，对工作态度和工作产出带来的间接影响，检验结果见表 5-57。由检验结果可知，在有调节的中介模型中，挑战性认知评价与成长型思维的交互项路径系数为 -0.033，$p > 0.05$，未达到显著水平，说明成长型思维在员工情景约束与挑战性认知评价之间的调节作用，对工作敬业度和工作绩效的影响不显著，假设 H4a 和 H4b 未得到支持。威胁性认知评价与成长型思维的交互项路径系数为 -0.140，$p < 0.01$，达到显著水平，成长型思维在员工情景约束与威胁性认知评价之间的调节作用，对工作敬业度和工作绩效的影响显著，假设 H4c 和 H4d 得到支持。

表 5-57 有调节的中介效应非标准化检验结果

模型	因变量	自变量	路径系数	SE	P-Value
员工情景约束→挑战性认知评价→工作敬业度	挑战性认知评价	员工情景约束	0.363	0.120	0.003
		成长型思维	0.429	0.114	***
		二者交互项	−0.033	0.040	0.414
	工作敬业度	员工情景约束	0.025	0.030	0.409
		挑战性认知评价	0.037	0.031	0.244
员工情景约束→挑战性认知评价→工作绩效	挑战性认知评价	员工情景约束	0.363	0.120	0.003
		成长型思维	0.429	0.114	***
		二者交互项	−0.033	0.040	0.414
	工作绩效	员工情景约束	0.011	0.033	0.747
		挑战性认知评价	0.087	0.035	0.014
员工情景约束→威胁性认知评价→工作敬业度	威胁性认知评价	员工情景约束	0.655	0.130	***
		成长型思维	0.148	0.123	0.227
		二者交互项	−0.140	0.043	0.001
	工作敬业度	员工情景约束	0.164	0.046	***
		威胁性认知评价	−0.294	0.055	***

续表

模型	因变量	自变量	路径系数	SE	P-Value
员工情景约束→威胁性认知评价→工作敬业度	威胁性认知评价	员工情景约束	0.655	0.130	***
		成长型思维	0.148	0.123	0.227
		二者交互项	−0.140	0.043	0.001
	工作绩效	员工情景约束	0.056	0.035	0.104
		威胁性认知评价	−0.093	0.035	0.007

注：$***p < 0.001$。

为了进一步了解成长型思维模式对压力认知评价在测井技术服务员工情景约束与工作敬业度和工作绩效这一模型中带来的间接效应大小，进而对间接效应及其显著性进行检验，检验结果见表5-58。由结果可知，成长型思维模式通过挑战性认知评价的中介作用在员工情景约束与工作敬业度之间关系中产生的间接效应估计值为0.013，p为0.145，未达到显著水平，进一步验证假设H4a未得到支持。成长型思维模式通过挑战性认知评价的中介作用在员工情景约束与工作绩效之间关系中产生的间接效应估计值为0.045，p为0.200，未达到显著水平，进一步验证假设H4b未得到支持。成长型思维模式通过威胁性认知评价的中介作用在员工情景约束与工作敬业度之间关系中产生的间接效应估计值为−0.192，p为0.000，达到显著水平，进一步验证假设H4c得到支持。成长型思维模式通过威胁性认知评价的中介作用在员工情景约束与工作绩效之间关系中产生的间接效应估计值为−0.061，p为0.005，达到显著水平，进一步验证假设H4d得到支持。假设的检验结果与多元回归分析的检验结果一致。

表 5-58　间接效果分析结果

间接效应	检验系数			偏差校正 95% 置信区间	
	估计值	SE	P-Value	Lower	Upper
IND1	0.013	0.014	0.145	−0.005	0.052
IND2	0.045	0.037	0.200	−0.024	0.121
IND3	−0.192	0.067	0.000	−0.354	−0.083
IND4	−0.061	0.030	0.005	−0.015	−0.141

注：IND1 为成长型思维通过挑战性认知评价的中介作用在员工情景约束与工作敬业度关系中产生的间接效应；IND2 为成长型思维通过挑战性认知评价的中介作用在员工情景约束与工作绩效关系中产生的间接效应；IND3 为成长型思维通过威胁性认知评价的中介作用在员工情景约束与工作敬业度关系中产生的间接效应；IND4 为成长型思维通过威胁性认知评价的中介作用在员工情景约束与工作绩效关系中产生的间接效应。

5.8　研究结果

表 5-59 展示了本章研究假设的检验结果。经过深入探索测井技术服务员工情景约束与工作态度和工作产出之间的关系发现，员工情景约束并不能直接作用于工作敬业度和工作绩效。挑战性认知评价在员工情景约束和工作敬业度之间起到完全中介作用，当员工视情景约束为挑战时，这种约束感知能提升工作敬业度。威胁性认知评价可以在测井技术服务员工情景约束和工作敬业度之间起到完全中介作用，当员工将情景约束视为威胁时，可对其工作敬业度产生负向影响。与之类似，威胁性认知评价在测井技术服务员工情景约束和工作绩效之间也起到了完全中介作用，当员工认为情景约束阻碍了他们的发展、并且超出他们的应对能力时，会负向影响员工的工作绩效。

表 5-59　研究假设的检验结果

假设	假设内容	检验结果
H1a	测井技术服务员工情景约束负向影响工作敬业度	不支持
H1b	测井技术服务员工情景约束负向影响工作绩效	不支持
H2a	测井技术服务员工情景约束通过挑战性认知评价正向影响工作敬业度	支持
H2b	测井技术服务员工情景约束通过挑战性认知评价正向影响工作绩效	不支持
H2c	测井技术服务员工情景约束通过威胁性认知评价负向影响工作敬业度	支持
H2d	测井技术服务员工情景约束通过威胁性认知评价负向影响工作绩效	支持
H2e	测井技术服务员工情景约束通过挑战性认知评价和工作敬业度正向影响员工工作绩效	不支持
H2f	测井技术服务员工情景约束通过威胁性认知评价和工作敬业度负向影响员工工作绩效	支持
H3a	成长型思维模式正向调节测井技术服务员工情景约束和挑战性认知评价之间的关系，高成长型思维的员工更有可能将其情景约束视为挑战	不支持
H3b	成长型思维模式负向调节测井技术服务员工情景约束和威胁性认知评价之间的关系，成长型思维的员工对其情景约束的威胁性认知更小	支持
H4a	成长型思维正向调节测井技术服务员工情景约束通过挑战性认知评价影响工作敬业度的间接作用	不支持
H4b	成长型思维正向调节测井技术服务员工情景约束通过挑战性认知评价影响工作绩效的间接作用	不支持
H4c	成长型思维负向调节测井技术服务员工情景约束通过威胁性认知评价影响工作敬业度的间接作用	支持
H4d	成长型思维负向调节测井技术服务员工情景约束通过威胁性认知评价影响工作绩效的间接作用	支持

(1)测井技术服务员工情景约束与工作敬业度和工作绩效的直接关系

以往情景约束的相关文献中,仅有一项研究探索了员工情景约束和结果变量之间的中介机制。该研究将员工对组织的不公正认知与负面情绪联系起来,利用挫折-侵犯理论和公平理论,认为压力源可以通过引发负面情绪,进而产生反生产工作行为[34]。大多数研究仅仅考察了员工情景约束与结果变量的直接关系,并且发现两者之间关系常常非常微弱,甚至不显著[27]。本章的研究结果说明,工作标准过于宽松可能导致员工未能引起对其情景约束的重视,因此这种约束感知不会显著影响工作态度和工作产出;只有当员工认为这种感知足够重要,并导致个体受挫或获得激励时,才会对工作敬业度和工作绩效产生影响。虽然在两个时间点收集数据以减少共同方法偏差,但实际上未能对员工进行多次测试或跟踪他们的发展和变化。Maxwell 等人指出,横断面研究中体现出的中介变量在纵向研究中可能不显著[251]。由此,本章发现的完全中介作用和使用的研究方法有一定关系。

理性行为理论是由 Ajzen 和 Fishbein 提出的一个社会心理学理论,旨在解释个体行为意向与实际行为之间的关系。根据这一理论,行为意向是指个体对于特定行为的计划或意愿,它受到个体对该行为的态度、主观规范和知觉行为控制的影响。个体对于特定行为的态度是指个体对该行为的喜欢程度或好坏程度的主观评价。这个评价会受到个体对行为的认知、情感和评价等因素的影响。如果个体认为某个行为会带来积极的结果,他们更有可能产生对该行为的积极态度。知觉行为控制是指个体对于控制自身行为能力的主观评价。如果个体认为自己能够轻松地进行某种行为,他们更有可能产生对该行为的积极意向。主观规范是指个体感知到的社会压力,即他们认为他人希望其进行某种行为的程度。这包括了重要他人的态度以及个体对这些人的服从程度。如果个体感到社会环境中的压力支持某种行为，他们更有可能对该行为产生积极意向[252]。

通过分析研究结果，可以发现测井技术服务员工在其情景约束下的工作态度和工作行为不仅受到知觉行为控制的影响。员工情景约束的定义主要指向绩效抑制性，因为该构念强调了员工在不受自身控制的不良工作条件下所感受到的无助感和不确定感，这说明以往学者主要关注了员工情景约束对知觉行为控制的干扰作用。然而，基于理性行为理论，结合数据分析，员工情景约束与工作态度和工作行为之间的关系还应探讨员工态度以及组织中的相关主观规范。如果组织或领导对员工在情景约束下尽力完成工作提供额外的支持和认可，员工更倾向于认为直面应对情景约束是符合社会规范的行为。这种认知会使员工感受到社会压力的影响，促使他们更加积极地应对情景约束并努力工作，以符合组织或领导的期望。相反，如果组织对员工情景约束的态度不明确或消极，员工可能会认为克服约束感知并不是符合社会规范的行为，从而减少在情景约束下取得高水平绩效的行为意向。

以上论述中，员工态度和主观规范在第3章的员工访谈中有所体现。测井技术服务员工的半结构化访谈指出，许多员工对绩效考核结果表示不满；换言之，尽管组织在表面上有很高的正式绩效衡量标准，但仍能容忍不良绩效，工作表现不同的员工得到的报酬和奖励差距不大，上级在考核员工时会根据约束性工作情景对考核标准进行调整。这种情况导致员工约束感知不直接影响上级对其工作绩效的评价，只有当员工相信情景约束会对考核结果造成显著差异时，情景约束的水平高低才会作用于工作态度和工作产出。

（2）挑战性认知评价的中介作用

挑战性认知评价在测井技术服务员工情景约束与工作绩效之间并未起到中介作用。即使员工视情景约束视为挑战和机遇，他们的工作绩效也不会因此而改变。从心理契约理论的角度来看，心理契约是员工对其组织正式或非正式、明确或隐含的义务的信念。当员工认为组织未兑现应有的承诺或诺言时，他们会感到被背叛，并认为组织或上级侵犯了双方之间的心理契约[253]。即使员工将约束感知视为挑战，他们仅会维持原有绩效水平，而缺乏提升工作产出的动机，这是由于员工感到背叛而产生的报复性消极结果。基于程序正义理论，如果员工认为自己一直未受到来自上级和组织的公平对待，那么他们就会认为组织在制定或执行程序方面做得不够，缺乏惩戒措施，无法保护员工权益。在这种情况下，员工也极有可能以较为隐晦但消极的方式应对工作，以示抗议。他们相信，组织已经默认或明确支持员工由于情景约束而产生的不良绩效或消极怠工行为，这种对抗性行为使他们感到公正[254]。因此，尽管员工愿意将其情景约束视为挑战，但如果实际工作经验与最初的期望有较大偏差，工作绩效可能不会显著提升。

此外，尽管挑战性认知评价在测井技术服务员工情景约束与工作绩效之间的中介效应不显著，但其在测井技术服务员工情景约束与工作敬业度之间的中介效应却是显著的。这使得挑战性认知评价在我国测井技术服务行业的员工情景约束与工作态度和工作产出之间的作用变得格外复杂。当员工视约束感知为挑战时，他们的敬业度有所提升，但工作绩效未出现显著变化。这说明，员工自身能够调节工作敬业度，而工作绩效的提升则受更多因素的影响。即使员工愿意将情景约束视为挑战，但如果测井小队和组织中并未提供足够的支持和资源，工作绩效很难得到改善。

（3）威胁性认知评价的中介作用

威胁性认知评价在测井技术服务员工与工作敬业度以及工作绩效之间起到了中介作用。它强调了员工的约束感知对工作绩效和工作敬业度的影响并非直接的线性关系，而是通过威胁性认知评价的中介作用实现影响。这意味着组织在管理员工时不能仅关注情景约束本身，还需要考虑员工对约束感知的认知评价结果。因此，组织在制定管理策略时应该重视降低员工对约束感知的威胁性认知，以减少其对工作绩效和工作敬业度的负面影响。同时，这一研究结果为理解员工行为提供了新的视角，也为进一步探索员工行为的机制开辟了新思路，有助于深入理解员工行为背后的心理过程。

威胁性认知评价和工作敬业度在测井技术服务员工情景约束与工作绩效之间形成了链式中介效应。员工在工作中可能会缺乏必备的资源，导致其行动和工作效率受到限制，但是真正导致绩效受损的原因在于员工对自身以及对胜任工作的能力产生的质疑和无力感。因此，测井技术服务企业未来需要将这些高度不确定性的工作情景转化为可控的风险，增强员工对自身适应和应对能力的信心。

自我效能理论强调个人及其对自身能力的看法可以是事件成功与否的关键决定因素。因此，自我效能理论及更广泛的社会认知理论体现出一种理想状态：只要人们有追求目标所需的机会以及自我效能感，他们就有能力取得成功[255]。该理论并不假设已获得成功的人天生就比那些不成功的人更优秀。相反，目前正面临困难的个体可能仅是缺乏机会获得高水平自我效能所需的掌握经验。然而，值得注意的是，自我效能理论并不表明积极的自我效能信念是获得积极结果的唯一原因。本章也印证了这一点：挑战性认知评价无法中介测井技术服务员工与工作绩效之间的关系，而员工对约束感知的威胁性认知评价可能会降低其对完成工作任务的信心和动机，从而影响工作态度和工作产出。

（4）成长型思维的调节作用

通过数据分析发现，成长型思维对测井技术服务员工情景约束与挑战性认知评价之间的关系并无显著调节作用，但可以负向调节测井技术服务员工情景约束与威胁性认知评价之间的关系。这说明个体对自身成功采取行动能力的信念可以阻碍压力的产生[256]。个体的成长型思维水平越高，在高水平情景约束下产生的威胁性认知评价就越低，并且情景约束通过威胁性认知评价对工作敬业度和工作绩效的负向作用越小。

研究结果表明，个体的成长型思维水平可以在一定程度上调节情景约束对测井技术服务员工的影响，这为组织提供了一种新的管理策略，即通过培养和促进员工的成长型思维，来减少情景约束对员工的负面影响，提高员工的绩效水平。此外，这一结果也展示了成长型思维在测井技术服务员工心理健康和应对压力方面的重要性。个体的成长型思维水平越高，越能够积极应对情景约束，减少威胁性认知评价的产生，从而保持良好的工作态度和表现。

成长型思维模式体现了一种心理弹性，指个体在面对压力、挑战和逆境时，能够以积极、适应的方式应对和调整的心理能力。具有心理弹性的个体在面对生活中的困难和挑战时，能够灵活应变、快速适应，并最终恢复到正常的心理状态，甚至通过逆境的经历而得到成长和发展[257]。测井一线作业员工经常面临复杂多变的井况和工作环境。井深、地质条件、井筒结构等因素都可能随时发生变化，要求员工能够灵活调整自己的工作方式和应对策略，以适应不同的情况和要求。此外，测井作业是一项高度技术性和体力性的工作，员工需要在艰苦的工作环境下完成工作任务。他们可能需要长时间待在井下，忍受高温、高湿等恶劣条件，并面对重物搬运、设备维护等繁重的工作量。因此，员工具备应对挑战的勇气和毅力是非常重要的，他们需要寻求解决问题的方法，并坚持完成工作任务。总之，测井技术服务员工适应变化、从逆境中复原的能力对他们在井下作业的进度和质量具有重要意义。

5.9　本章小结

结合研究思路和模型，本章对压力认知评价、成长型思维、工作敬业度和工作绩效等变量进行了概念界定，并确定了相应的测量工具，为随后的实证研究做好准备。依据预调研和正式调研的数据，对题项进行了净化和检验，以备后续数据分析。本章探索了测井技术服务员工情景约束对其工作态度和工作产出的影响。基于压力认知评价理论，本章进一步挖掘测井技术服务员工情景约束与工作敬业度和工作绩效等结果变量之间的中介机制，并通过样本数据分析验证研究假设。研究结果指出，测井技术服务员工情景约束并不能直接影响工作敬业度和工作绩效；员工对情景约束的认知评价可以解释他们在相同水平的情景约束下工作敬业度和工作绩效存在的差异。此外，成长型思维在测井技术服务员工情景约束影响工作态度和工作产出的过程中发挥了边界效应。随着员工成长型思维水平的提高，情景约束通过压力认知评价对工作敬业度和工作绩效的负向影响被削弱。

第 6 章　研究结论与展望

测井贯穿石油工业的全流程，测井技术服务员工的工作状态直接关系着地下油气资源开采的成果。他们的工作产出决定着一口井是否具有开采价值，涉及上亿元的投入。然而，相较于建筑或煤炭等行业，针对测井技术服务行业的研究相对较少，使得企业的管理在很多时候无法真正与动态、复杂的组织系统联系起来。在作业现场，尽管员工的操作失误导致了事故发生，但是其根本原因与员工培训不足、不切实际的安全程序、沟通不畅、应急程序不完善以及以生产为先的企业文化等因素密切相关。本书以我国测井技术服务员工作为研究对象，探索员工情景约束形成机理以及对工作敬业度和工作绩效的影响。研究结果有助于企业管理者更好地了解测井技术服务员工的需求和动机，识别可能阻碍员工充分发挥个人潜能的要素，并创造更积极的工作环境。研究结论有助于提升测井队伍管理和油田工程技术服务的质量。然而，研究也存在一定局限性，未来研究中还可以对此进一步探讨。

6.1　研究结论与讨论

6.1.1　研究结论

西方学者将家长式领导视为一种仁慈的独裁领导，并指出在三个维度中，仁慈领导和德行领导显著优于威权领导。过去的实证研究不断证明威权领导对员工的影响与家长式领导的另外两个维度是相反的，这些研究结论加深了学者们对家长式领导的理解误区。本书发现，在测井技术服务工作情景中，工作要求、工作资源和家长式领导之间的相互作用可影响员工情景约束。即使是体贴员工、为他们树立榜样的领导者，在特定情景下也可能对员工产生负面影响，如同威权领导一样。仁慈领导和德行领导并不试图利用权力和威严直接控制员工，但可以通过情感联系和道德规范不断加强对员工的制约力度。本书的研究结果证实，仁慈领导和德行领导可以对员工形成控制，施加的关爱和道德压力可能会干扰员工的最佳绩效。因此，领导特征和有效性取决于环境因素，而不存在绝对完美的领导风格。实际上，领导者需要根据工作情景调整他们的行为，并采取最适合当前形势的领导风格。

同时，领导风格与不同要求－资源组合下与员工情景约束之间的变化关系说明，工作资源并不是越多越好。工作资源的使用和分配需要消耗一定成本，员工需要额外投入资源来理解并且规划他们拥有的工作资源。因此，管理者需要认识到员工分析和处理工作资源过程中的认知成本。例如，相比于低工作资源，高工作资源能使德行领导产生更高水平的员工情景约束；而且在高工作要求和低工作资源的组合下，仁慈领导和德行领导均能够显著抑制员工的情景约束。这些结果说明，员工的注意力和精力是有限的，如果他们接收的工作资源超出管理能力，会导致注意力分散，从而限制员工发挥最佳绩效。当员工受到过多规则的束缚，缺乏自主行动和决策自由时，他们的主动性和创造力可能会受到影响。

此外，测井技术服务员工情景约束对工作态度和工作产出的影响取决于员工对情景约束的评价方式。在经历约束感知时，员工预期的结果决定了他们的态度和行为。如果员工预期自己的努力能够有效应对其情景约束,并且取得积极结果,他们可能对情景约束的容忍程度更高。相反,如果他们预期自己的努力无法带来任何改善,则会在工作中展现出消极的态度。然而,值得注意的是,本测井技术服务员工情景约束通过威胁性认知评价作用于工作敬业度和工作绩效的间接效应较为微弱;员工情景约束通过威胁性认知评价对工作敬业度的间接效应为 -0.12,对工作绩效的间接效应为 -0.03。这样的数据分析结果呼应了第 4 章关于测井技术服务员工情景约束形成机理的研究结论,尽管德行领导和威权领导在特定情景下可以导致员工情景约束上升,但这种高水平的情景约束对工作态度和工作产出的负向作用有限。如果员工的约束感知源于无法违背组织管理制度的行为要求,那么这种约束感与结果变量之间的微弱负相关在一定程度上得到了合理解释。对于测井技术服务员工而言,当约束感知与严格执行安全作业流程相关时,尽管他们执行核心任务的效率受到限制,但他们的责任感和对安全漏洞的防范意识都可能会有所提升。今后学者们需谨慎对待员工情景约束的研究结论,约束感知并不全是坏事,员工不得滥用工作资源以及谋取私利的约束感在组织中有其存在的必要性。

6.1.2 研究主要创新点

本书的研究主要有以下三个创新点:

(1)结合员工的半结构化访谈,编制了适用于我国测井技术服务行业的员工情景约束量表

以往的情景约束研究大多采用了适用于所有职业群体的量表,未充分考虑员工所处行业对观察变量以及变量间关系的影响。本书编制的情景约束量表可以体现出目前测井技术服务队伍在人才建设和发展环境方面的问题,有助于研究人员和管理者了解测井技术服

务员工对工作情景的评价，包括他们对工作环境、工作条件和任务要求的理解。该量表通过充分的信度和效度分析，可用于今后我国油田工程技术服务人力资源管理的理论和实证研究。

（2）本书挖掘了员工情景约束与其形成要素之间的曲线效应，并根据形成要素之间的相互作用构建了测井技术服务员工情景约束形成机理

早期情景约束的文献指出，员工的约束感知来源于资源的不可用、数量不足或者质量不佳[258]。而本书扩展了该定义，并围绕工作资源的匮乏提出了两条基于要求－能力不匹配的员工情景约束形成路径，围绕工作资源的充裕提出了一条基于过犹不及效应和两条基于需求－供给不匹配的员工情景约束形成路径。此外，尽管Drzewiecka和Roczniewska在文献中证实了领导者的特定行为和风格可以影响员工在工作中感受到的约束程度，但是该研究聚焦于两者之间的直线关系[20]。鉴于线性关系只适用于短时间间隔，本书提出了两条工作要求和威权领导导致加速损耗的员工情景约束形成路径。综上，本书建立了由七条形成路径构成的测井技术服务员工情景约束的形成机理，体现出组织是一个由各种相互关联和影响的组织部分构成的系统，这些曲线效应模型能够更好地捕捉员工情景约束形成要素之间相互影响的复杂性。

（3）基于压力认知评价理论，本书探究了员工情景约束的双刃剑影响作用

目前，大部分学者主要聚焦于员工情景约束的绩效抑制性，认为员工情景约束可以直接作用于工作行为和态度。而通过探讨员工约束感知对个体行为和心理反应的双重影响，为员工情景约束的影响作用研究提供了更为全面的分析框架，更加关注个体的内在体验和认知过程，突破了以往对员工情景约束的固有认知。本书的研究

结论为组织成员积极应对阻碍个体实现目标的因素提供了理论基础和实证依据,有助于提高组织成员应对变化和困境的能力。

6.1.3 实践启示

(1)进一步认识工程技术服务员工的任务设计

油田工程技术服务企业的管理者需要在优化工作情景和保障员工工作活力方面扮演更积极的角色。大量以油田工程技术服务员工为样本的研究指出,员工需要丰富业余生活和提升自我保护意识[113-118]。然而,工作态度的提升不应仅依赖于员工的自我调节,或者工作之余的调节。基于Sonnentag提出的恢复悖论,尽管员工的敬业度下降急需资源补充,以促进身心恢复并重拾对工作的热情,但这种在工作中失去激情的状态往往使得员工自我恢复、重塑心态和激发工作活力异常困难[259]。测井技术服务员工在工作中面临着各种挑战,包括安全风险、作业环境、作业地点、天气条件、体力要求和工作时长等。管理者需要认识到,一味在工作中设置关卡,或将员工的抱怨和意见笼统视为偷懒和无能的借口,无法有效激励员工。只有当工作具有挑战性、有意义,并向员工提供成长和发展机会时,员工才能直面挑战,更加投入工作。

测井技术服务员工情景约束不会直接损害工作敬业度和工作绩效,然而,约束感知导致的不安甚至焦虑的状态才是造成工作态度和工作产出受损的根本原因。因此,创建一个积极、支持性的工作环境对于油田工程技术服务尤为重要。企业需要加大放权和松绑力度,增强人才的工作授权,调动技术服务员工的工作主动性和积极性。只有建立以信任为前提的人才管理机制,才能进一步解放人才生产力,使员工在多种压力源下依然能够发挥活力。同时,企业还需提供必要的培训与支持。在现有的培训基础上,测井技术服务行业还需要进一步提炼并选择更适合员工的培训内容。在第 3 章中梳理的访谈内容中，有员工指出，有些培训不能解决现实问题，反而占用了更多的工作时间。对于测井技术服务员的培训，组织可以实施情景模拟训练，设计相应课程，模拟员工在工作中可能遇到的各种约束情境，使他们能够在实践中学习如何应对。测井施工作业中存在多种安全风险，包括交通事故、放射源失控、爆炸、机械伤害、高处坠落、井喷以及化学中毒事故。培训应侧重于模拟员工在作业中可能面临的危险情况，帮助他们熟悉现场应急指挥和处置措施。此外，测井小队应定期进行实际案例分析，让员工学习他人的经验和防护措施，并从中获得启发。这些研讨会将为员工提供解决工作冲突的方法，增强他们的自我管理和调节能力，从而增加他们在困境中产生挑战性认知评价的可能性。总之，未来的培训应致力于帮助员工掌握足够的技能和知识，以有效面对挑战，确保他们在面临困难时仍能顺利完成任务。

（2）以权变理论的视角提升作业队管理能力

以往的研究将威权领导视作仁慈领导与德行领导的对立面，因此提出领导者应该在日常管理中强调仁慈和德行的领导风格。然而，本书研究结果表明，家长式领导的三个维度均具有价值，可在不同情景下对员工情景约束产生促进或抑制的效果。鉴于领导者、被领导者和情景因素相互作用可产生截然不同的效果，测井技术服务企业的管理者需要根据实际情况调整策略和措施，从而更好地应对组织内外快速变化和日益复杂的挑战。

在第 3 章测井技术服务员工的半结构化访谈中，许多受访者谈到了现有员工无法胜任岗位职责、缺乏问责管理的问题，甚至有些上级对基层业务工作不了解、瞎指挥的现象也频繁出现。这说明，我国测井技术服务行业中考核评价结果刚性约束的欠缺，仅依赖仁慈和德行领导风格也会干扰员工的最佳绩效。管理者需要进一步加大考核结果应用力度，坚持把考核与选拔任用、管理监督、激励约束、问责追责相结合，采取末等调整、不胜任则退出等方式，形成"能者上、优者奖、庸者下、劣者汰"的用人导向。如此才能避免访谈中出现的个别员工工作不积极、消极怠工、得过且过的消极状态。

为了使得测井技术服务企业的管理者能够在不同情景下调整自己的领导方式，我国油田工程技术服务企业需要建立干部常态化培训机制或横向交流工作机制。作业队长和其他现场管理人员可以定期进行轮岗交流或跨单位交流任职，推动多岗位历练。总之，组织层面强化任期制和契约化管理可以推动内部流动机制，有助于管理者依据工作情景的需求灵活调整领导风格。

（3）注重员工的成长型思维培训

本书发现，成长型思维可以使得员工在情景约束下的威胁性认知评价降低。因此，管理者应该注重提升员工技能，协助他们高效解决工作难题，引导员工向成长型思维模式转变。正如成长型思维模式认为人的智力可以发展一样，思维模式本身也可以发生变化。研究发现，随着身处困境的时间变长，个体的思维模式往往会向固定型思维转变[260]。即使是具有成长型思维模式的员工，在长期经历消极工作体验后，也可能会向固定型思维模式转变。

根据本书的研究结果和访谈内容，我国测井技术服务行业目前的人才队伍结构与绿色低碳、转型升级以及能源安全保障等发展要求之间存在不匹配现象。总体而言，传统业务领域人才相对多，而新能源和新材料领域人才少；经营管理人才多，专业技术人才少；二三线人才多，一线人才稀缺。这种不匹配造成了市场化人才配置机制尚未形成，超额利润分成、悬赏包干等新型激励方式还未建立。员工缺乏明确的目标和奖励的驱动，导致他们更倾向于按照原有规则和程序工作。遵循规则、按部就班地完成任务，使员工缺乏探索新方法和思考问题的灵活性。长期以来，员工可能更依赖于已知的流程和方法来完成任务，而不愿冒险尝试新的方法。这种依赖经验的行为最终使他们的思维模式愈发趋向于固定型。

因此，为了消除测井技术服务员工情景约束的负面影响，管理者在用人环节中不能依赖招聘和筛选成长型思维模式的员工。由于过于充满挑战性的环境会使个体的成长型思维转变为固定型思维，管理者需要在工作中不断激励、支持员工，以形成思维模式与工作体验之间的正向循环。具体来说，管理者可以组织认知技能培训，引导员工了解成长型思维的概念和重要性。通常，测井技术服务员工过于专注于提升专业技术知识，而相对忽视了补充应对压力的方法。因此，测井小队应支持员工通过自我完善来培养成长型思维。为此可以开展分级分类培训，有针对性地对作业队长以及不同作业岗位进行培训。举例来说，可以首先和员工分享与成长型思维相关的研究，传达一个重要信息，即"每个人的智力都可以改变"。在课程讲授的基础上，测井小队可以利用他人的成功案例来展示如何调动成长型思维，引导员工反思自身的思维模式和行为习惯，强调运用成长型思维模式挑战自我的重要性。此外，管理者还可以在日常工作中鼓励员工现场学习并实践所学技能。当员工掌握与工作相关的实用知识和技能时，他们更有可能主动制订学习计划，在工作中持续反思并学以致用。新知识不仅可以激发员工的创造力，还能充实知识储备，以支持他们在作业现场尝试新的解决方案。因此，测井技术服务员工将通过工作环境中接收到的智力可塑信息，在不断的试错中提升能力。这种正向循环为员工自我提升提供了条件，引导他们向成长型思维转变，有助于以挑战性的态度应对工作情景中的约束感知。

6.2 研究展望

未来研究应该拓宽员工情景约束的研究视角。目前的研究对于团队中员工对于情景约束的感知一致性与结果变量之间的影响了解甚微。个体与他人分享相似的经历有助于个体形成积极的确认性判断。当团队成员间对约束的感知趋于一致时，共同的观点可能使员工感到更亲近、彼此理解和被认可，即使在情景约束下，他们也更愿意迎接工作环境中的挑战和困难。然而，当员工在相同工作情景下的约束感知与其他团队成员不一致时，可能导致缺乏安全感，难以全心投入工作。因此，员工与其他团队成员的情景约束一致性可能成为情景约束作用机制中的关键边界条件。此外，安全绩效对于评估作业风险、经济效益和社会效益至关重要。举例来说，在测井作业中，一旦放射性源掉入井中，可能导致项目暂停，并对周边居民造成严重的生命和身体健康危害。因此，未来研究需要深入探讨油田工程技术服务人员的情景约束与员工识别、报告和改进安全问题能力之间的关系。

动态情景下员工情景约束的产生还有待进一步探索。过于关注个体特征对情景约束的影响可能导致企业忽视员工潜力以及组织内部优化的可能性。因此，为了更准确地理解情景约束，研究应该扩大视角，考虑员工成长的潜力，以及组织架构、流程和资源配置等对员工情景约束的影响。今后研究应该突破个体差异因素，从工作情景视角观察工作要求和资源等因素对情景约束的影响。即使同在中国，不同组织的工作情景（如考核指标体系、岗位编制或资金支持）所衍生的工作要求和资源状态也会有所差异。例如，我国组织特有的党政机制为工作任务赋予了政治属性；当下移的任务指标与员工的实际工作情况不符时，会影响任务完成质量。然而党政内部的良性沟通可以提升任务指标与员工能力的匹配度，从而提高工作效率[261]。不同所有制的组织对不同性质的任务融合和治理的制衡机制提出了更高的要求[262]。因此，研究者还需要立足于具体工作情景，剖析情景约束的前因变量，才能反映我国本土管理现象中情景约束的变化规律。

未来研究可以将跨文化视角落实到具体文化价值观、本土化组织情境和管理实践等方面。例如，如今人们工作与生活的界限日益模糊，影响情景约束的环境因素常常来自组织之外。溢出理论指出，个体在一个角色中引发的影响可以溢出到其他领域，这同时包括积极和消极的溢出[263]。例如，我国当前的养老服务挑战[264]、母职困境[265]、孝道支持不足[266]等社会现象表明，员工的社交网络中存在需要他们投入时间、精力和金钱提供医疗或特殊照顾的资源消耗者。这些资源消耗并不由组织情境引发，但却会为员工在组织中发挥最佳绩效增加额外压力。同时，良好的亲子关系可以减轻个体遭遇的负面生活事件的影响[267]，良好的生活质量和恢复状态可以为员工在组织中展现最佳绩效提供了基础。因此，在我国独特的文化情景下，情景约束产生作用的边界条件值得进一步探索。

参考文献

[1] SONNENTAG S, MOJZA E, DEMEROUTI E. Reciprocal relations between recovery and work engagement: The moderating role of job stressors[J]. The Journal of Applied Psychology, 2012, 97(4): 842-853.

[2] ROTUNDO M. The relative importance of task, citizenship, and counterproductive performance to global ratings of job performance: A policy-capturing approach[J]. The Journal of Applied Psychology, 2002, 87(1): 66-80.

[3] PETERS L H, O'CONNOR E J. Situational constraints and work outcomes: The influences of a frequently overlooked construct[J]. The Academy of Management Review, 1980, 5(3): 391-397.

[4] SPECTOR P E, JEX S M. Development of four self-report measures of job stressors and strain: Interpersonal conflict at work scale, organizational constraints scale, quantitative workload inventory, and physical symptoms inventory[J]. Journal of Occupational Health Psychology, 1998, 3(4): 356-367.

[5] STRILER J, SHOSS M, JEX S. The relationship between stressors of temporary work and counterproductive work behaviour[J]. Stress and Health: Journal of the International Society for the Investigation of Stress, 2021, 37(2): 329-340.

[6] PINDEK S, HOWARD D, KRAJCEVSKA A, et al. Organizational constraints and performance: an indirect effects model[J]. Journal of Managerial Psychology, 2019, 34(2): 79-95.

[7] PETERS L H, CHASSIE M B, LINDHOLM H R, et al. The joint influence of situational constraints and goal setting on performance and affective outcomes[J]. Journal of Management, 1982, 8(2): 7-20.

[8] KIM S, KWON K, WANG J. Impacts of job control on overtime and stress: Cases in the United States and South Korea[J]. The International Journal of Human Resource Management, 2020, 33(7): 1352-1376.

[9] LIU C, SPECTOR P, SHI L. Cross-national job stress: A quantitative and qualitative study[J]. Journal of Organizational Behavior, 2007, 28(2): 209-239.

[10] LIU C, NAUTA M, LI C, et al. Comparisons of organizational constraints and their relations to strain in China and the United States[J]. Journal of Occupational Health Psychology, 2010, 15(4): 452-467.

[11] 周洁，张建卫，李海红，等. 中学教师人际冲突、组织约束对工作偏差行为的作用机制[J]. 现代中小学教育，2017，33（03）：75-79.

[12] Peters, L. H., O'Connor, E. J., Eulberg, J. R., & Watson, T. W. (1988). An examination of situational constraints in Air Force work settings. Human Performance, 1(2): 133–144.

[13] PINDEK S, SPECTOR P. Organizational constraints: A meta-analysis of a major stressor[J]. Work & Stress, 2016, 30(1): 7-25.

[14] SONENSHEIN S. How organizations foster the creative use of resources[J]. Academy of Management Journal, 2013, 57(3): 814-848.

[15] MALLAK L A, SHANK C. Workplace resilience and performance: Workload and organizational constraints[J]. Journal of Organizational Psychology, 2021, 21(6): 1-13.

[16] VILLANOVA P, ROMAN M A. A meta-analytic review of situational constraints and work-related outcomes: Alternative approaches to conceptualization[J]. Human Resource Management Review, 1993, 3(2): 147-175.

[17] SPECTOR P E, O'CONNELL B J. The contribution of personality traits, negative affectivity, locus of control and Type A to the subsequent reports of job stressors and job strains[J]. Journal of Occupational and Organizational Psychology, 1994, 67(1): 1-12.

[18] SPECTOR P, ZAPF D, CHEN P, et al. Why negative affectivity should not be controlled in job stress research: Don't throw out the baby with the bath water[J]. Journal of Organizational Behavior, 2000, 21(1): 79-95.

[19] BEST R, STAPLETON L, DOWNEY R. Core self-evaluations and job burnout: The test of alternative models[J]. Journal of Occupational Health Psychology, 2005, 10(4): 441-451.

[20] DRZEWIECKA M, ROCZNIEWSKA M. The relationship between perceived leadership styles and organisational constraints: An empirical study in Goleman's typology[J]. European Review of Applied Psychology, 2018, 68(4): 161-169.

[21] ZHOU Z, MEIER L, SPECTOR P. The role of personality and job stressors in predicting counterproductive work behavior: A three-way interaction[J]. International Journal of Selection and Assessment, 2014, 22(3): 286-296.

[22] HERSHCOVIS S, TURNER N, BARLING J, et al. Predicting workplace aggression: A meta-analysis[J]. The Journal of Applied Psychology, 2007, 92(1): 228-238.

[23] SPYCHALA A, SONNENTAG S. The dark and the bright sides of proactive work behaviour and situational constraints: Longitudinal relationships with task conflicts[J]. European Journal of Work and Organizational Psychology, 2011, 20(5): 654-680.

[24] CASTILLE C, KUYUMCU D, BENNETT R. Prevailing to the peers' detriment: Organizational constraints motivate Machiavellians to undermine their peers[J]. Personality and Individual Differences, 2016,

104(2017): 29-36.

[25] STETZ M, CASTRO C, BLIESE P. The impact of deactivation uncertainty, workload, and organizational constraints on reservists' psychological well-being and turnover intentions[J]. Military Medicine, 2007, 172(6): 576-580.

[26] BRITT T, MCKIBBEN E, GREENE-SHORTRIDGE T, et al. Self-engagement moderates the mediated relationship between organizational constraints and organizational citizenship behaviors via rated leadership[J]. Journal of Applied Social Psychology, 2012, 42(8): 1830-1846.

[27] GILBOA S, SHIROM A, FRIED Y, et al. A meta-analysis of work demand stressors and job performance: Examining main and moderating effects[M]//COOPER C L. From stress to wellbeing volume 1: the theory and research on occupational stress and wellbeing. London: Palgrave Macmillan UK, 2013: 188-230.

[28] LEPINE J, PODSAKOFF N, LEPINE M. A meta-analytic test of the challenge stressor-hindrance stressor framework: An explanation for inconsistent relationships among stressors and performance[J]. The Academy of Management Journal, 2005, 48(5): 764-775.

[29] PINDEK S, SPECTOR P. Explaining the surprisingly weak relationship between organizational constraints and job performance[J]. Human Performance, 2016, 29(3): 1-18.

[30] PETROU P, VAN DER LINDEN D, SALCESCU O C. When breaking the rules relates to creativity: The role of creative problem-solving demands and organizational constraints[J]. The Journal of Creative Behavior, 2020, 54(1): 184-195.

[31] FRITZ C, SONNENTAG S. Antecedents of day-level proactive behavior: A look at job stressors and positive affect during the workday[J]. Journal of Management, 2009, 35(1): 94-111.

[32] NIXON A, MAZZOLA J, BAUER J, et al. Can work make you sick? A meta-analysis of the relationships between job stressors and physical symptoms[J]. Work & Stress, 2011, 25(1): 1-22.

[33] PINDEK S, GAZICA M W. Being called to nursing: Buffering the stress-rumination effects[J]. Occupational Health Science, 2020, 4(3): 401-416.

[34] FOX S, SPECTOR P E, MILES D. Counterproductive work behavior (CWB) in response to job stressors and organizational justice: Some mediator and moderator tests for autonomy and emotions[J]. Journal of Vocational Behavior, 2001, 59(3): 291-309.

[35] SONNENTAG S, STARZYK A. Perceived prosocial impact, perceived situational constraints, and proactive work behavior: Looking at two distinct affective pathways[J]. Journal of Organizational Behavior, 2015, 36(6): 806-824.

[36] HARP E, SCHERER L, ALLEN J. Volunteer engagement and retention: Their relationship to community service self-efficacy[J]. Nonprofit and Voluntary Sector Quarterly, 2016, 46(2): 442-458.

[37] SONNENTAG S, SPYCHALA A. Job control and job stressors as predictors of proactive work behavior: Is role breadth self-efficacy the link?[J]. Human Performance, 2012, 25(5): 412-431.

[38] COO C, RICHTER A, VON THIELE SCHWARZ U, et al. All by myself: How perceiving organizational constraints when others do not hampers work engagement[J]. Journal of Business Research, 2021, 136(6): 580-591.

[39] KUYUMCU D, DAHLING J. Constraints for some, opportunities for others? Interactive and indirect effects of machiavellianism and organizational constraints on task performance ratings[J]. Journal of Business and Psychology, 2014, 29(2): 301-310.

[40] MEURS J A, FOX S, KESSLER S R, et al. It's all about me: The role of narcissism in exacerbating the relationship between stressors and

counterproductive work behaviour[J]. Work & Stress, 2013, 27(4): 368-382.

[41] JEX S, ADAMS G, BACHRACH D, et al. The impact of situational constraints, role stressors, and commitment on employee altruism[J]. Journal of Occupational Health Psychology, 2003, 8(3): 171-180.

[42] PENNEY L, SPECTOR P. Job Stress, incivility, and counterproductive work behavior (CWB)[J]. Journal of Organizational Behavior, 2005, 26(7): 777-796.

[43] CLARK O L, WALSH B M. Civility climate mitigates deviant reactions to organizational constraints[J]. Journal of Managerial Psychology, 2016, 31(1): 186-201.

[44] BOERMANS S, KAMPHUIS W, DELAHAIJ R, et al. Team spirit makes the difference: The interactive effects of team work engagement and organizational constraints during a military operation on psychological outcomes afterwards[J]. Stress and Health, 2015, 30(5): 386-396.

[45] NG T, FELDMAN D. The relationship of age to ten dimensions of job performance[J]. The Journal of applied psychology, 2008, 93(2): 392-423.

[46] JUDGE T A, ILIES R. Relationship of personality to performance motivation: A meta-analytic review[J]. Journal of Applied Psychology, 2002, 87(4): 797-807.

[47] ALESSANDRI G, CONSIGLIO C, LUTHANS F, et al. Testing a dynamic model of the impact of psychological capital on work engagement and job performance[J]. The Career Development International, 2018, 23(1): 33-47.

[48] TISU L, LUPȘA D, VÎRGĂ D, et al. Personality characteristics, job performance and mental health: the mediating role of work engagement[J]. Personality and Individual Differences, 2020, 153(0): 109644.

[49] GRANT A M. The significance of task significance: Job performance effects, relational mechanisms, and boundary conditions[J]. Journal of Applied Psychology, 2008, 93(1): 108-124.

[50] PEKRUN R, GOETZ T, TITZ W, et al. Academic emotions in students' self-regulated learning and achievement: A program of qualitative and quantitative research[J]. Educational Psychologist, 2002, 37(2): 91-105.

[51] PEKRUN R, PERRY R P. Control-value theory of achievement emotions[M]//PEKRUN R, LINNENBRINK-GARCIA L. International handbook of emotions in education. New York, NY, US: Routledge/Taylor & Francis Group, 2014: 120-141.

[52] JUDGE T, RODELL J, KLINGER R, et al. Hierarchical representations of the five-factor model of personality in predicting job performance: Integrating three organizing frameworks with two theoretical perspectives[J]. The Journal of Applied Psychology, 2013, 98(6): 875-925.

[53] WONG Y tim, WONG Y W, WONG C sum. An integrative model of turnover intention: Antecedents and their effects on employee performance in Chinese joint ventures[J]. Journal of Chinese Human Resource Management, 2015, 6(1): 71-90.

[54] DANE E, BRUMMEL B J. Examining workplace mindfulness and its relations to job performance and turnover intention[J]. Human Relations, 2014, 67(1): 105-128.

[55] ALQUDAH I H A, CARBALLO-PENELA A, RUZO-SANMARTÍN E. High-performance human resource management practices and readiness for change: An integrative model including affective commitment, employees' performance, and the moderating role of hierarchy culture[J]. European Research on Management and Business Economics, 2022, 28(1): 100177.

[56] EDWARDS B D, BELL S T, ARTHUR, JR. W, et al. Relationships between facets of job satisfaction and task and contextual performance[J]. Applied Psychology, 2008, 57(3): 441-465.

[57] HUEY YIING L, ZAMAN BIN AHMAD K. The moderating effects of organizational culture on the relationships between leadership behaviour and organizational commitment and between organizational commitment and job satisfaction and performance[J]. Leadership & Organization Development Journal, 2009, 30(1): 53-86.

[58] HACKMAN J R, OLDHAM G R. Motivation through the design of work: Test of a theory[J]. Organizational Behavior & Human Performance, 1976, 16(2): 250-279.

[59] ÁNGELES LÓPEZ-CABARCOS M, VÁZQUEZ-RODRÍGUEZ P, QUIÑOÁ-PIÑEIRO L M. An approach to employees' job performance through work environmental variables and leadership behaviours[J]. Journal of Business Research, 2022, 140(3): 361-369.

[60] OHEMENG F L K, AMOAKO-ASIEDU E, OBUOBISA DARKO T. The relationship between leadership style and employee performance: An exploratory study of the Ghanaian public service[J]. International Journal of Public Leadership, 2018, 14(4): 274-296.

[61] HAKANEN J J, BAKKER A B, TURUNEN J. The relative importance of various job resources for work engagement: A concurrent and follow-up dominance analysis[J]. BRQ Business Research Quarterly, 2021, 0(0): 23409444211012419.

[62] BAKKER A B, DEMEROUTI E, SANZ-VERGEL A I. Burnout and work engagement: The JD–R approach[J]. Annual Review of Organizational Psychology and Organizational Behavior, 2014, 1(1): 389-411.

[63] HAKANEN J J, BAKKER A B, DEMEROUTI E. How dentists cope with their job demands and stay engaged: the moderating role of job resources[J]. European Journal of Oral Sciences, 2005, 113(6): 479-487.

[64] LESENER T, GUSY B, WOLTER C. The job demands-resources model: A meta-analytic review of longitudinal studies[J]. Work & Stress, 2018, 33(1): 1-28.

[65] LAGREE D, HOUSTON B, DUFFY M, et al. The effect of respect: Respectful communication at work drives resiliency, engagement, and job satisfaction among early career employees[J]. International Journal of Business Communication, 2023, 60(3): 844-864.

[66] BERRAIES S, CHOUIREF A. Exploring the effect of team climate on knowledge management in teams through team work engagement: evidence from knowledge-intensive firms[J]. Journal of Knowledge Management, 2022, 27(3): 842-869.

[67] GOULDNER A W. The norm of reciprocity: A preliminary statement[J]. American Sociological Review, 1960, 25(2): 161-178.

[68] MALIK M F, KHAN M A. "Tracking engagement through leader" authentic leadership's consequences on followers' attitudes: A sequential mediated mode[J]. International Journal of Public Administration, 2020, 43(10): 831-838.

[69] MOSTAFA A M S, ABED EL-MOTALIB E A. Ethical leadership, work meaningfulness, and work engagement in the public sector[J]. Review of Public Personnel Administration, 2020, 40(1): 112-131.

[70] KUIJPERS E, KOOIJ D, WOERKOM M. Align your job with yourself: The relationship between a job crafting intervention and work engagement, and the role of workload[J]. Journal of Occupational Health Psychology, 2019, 25(1): 1-16.

[71] BAKKER A B, DEMEROUTI E. Towards a model of work engagement[J]. Career Development International, 2008, 13(3): 209-223.

[72] HOBFOLL S E, JOHNSON R J, ENNIS N, et al. Resource loss, resource gain, and emotional outcomes among inner city women[J]. Journal of Personality and Social Psychology, 2003, 84(3): 632-643.

[73] BRUNETTO Y, TEO S, SHACKLOCK K, et al. Emotional intelligence, job satisfaction, well-being and engagement: Explaining organisational commitment and turnover intentions in policing[J]. Human Resource Management Journal, 2012, 22(4): 428-441.

[74] MOHAMMED G, NAJI G, ISHA A, et al. Enhancement of employees performance via professional training and development: A study on oil and gas companies operating in Yemen[J]. International Journal of Scientific & Technology Research, 2020, 9(6): 7.

[75] MOHAMMED G, NAJI G, ISHA A, et al. The role of HR strategy on safety culture and psychological stress among employees in the upstream oil and gas companies: A conceptual review[J]. Solid State Technology, 2021, 63(5): 2020.

[76] BRAZILIAN NATIONAL AGENCY OF PETROLEUM, NATURAL GAS AND BIOFUELS. Investigation report of the explosion incident occuered on 11/02/2015 in the FPSO Cicade de Sao Mateus[R/OL]. (2015). https://www.offshorenorge.no/globalassets/dokumenter/drift/fpso-cidade-de-sao-mateus/anp_final_report_fpso_cdsm_accident_.pdf.

[77] MODA H M. Improving the safety performance of workers, by assessing the impact of safety culture on workers safety behaviour in Nigeria oil and gas industry: The Niger delta region (a pilot study)[J]. World Academy of Science, Engineering and Technology, International Journal of Medical and Health Sciences, 2020, 14(6): 152-156.

[78] LILBURNE C M, LANT P A, HASSALL M E. Exploring oil and gas industry workers' knowledge and information needs[J]. Journal of Loss Prevention in the Process Industries, 2021, 72(0): 104514.

[79] DIXIT V, HARRISON G, RUTSTRÖM E. Estimating the subjective risks of driving simulator accidents[J]. Accident analysis and prevention, 2013, 62C: 63-78.

[80] AYIM GYEKYE S, SALMINEN S. Organizational safety climate and work experience[J]. International Journal of Occupational Safety and Ergonomics, 2010, 16(4): 431-443.

[81] 商祥巧. 约束下的创造力 [D]. 天津财经大学，2020.

[82] LAZARUS R S, FOLKMAN S. Transactional theory and research on emotions and coping[J]. European Journal of Personality, 1987, 1(3): 141-169.

[83] 曹晓岚. 应激交互理论视角下员工创新激励约束机制研究 [J]. 领导科学，2018（17）：36-38.

[84] 张婕，樊耘，张旭. 组织激励与组织约束对员工创新的二元影响研究——基于应激交互作用理论 [J]. 预测，2015，34（06）：1-7.

[85] 刘金培，宋晓霞，方琼红，等. 人格特征如何影响创新型员工工作绩效?——基于敬业度的中介作用 [J]. 科技管理研究，2017，37（4）：149-154.

[86] 张庆龙，韩菲，张艳敏. 内部审计人员人格类型、胜任力与工作绩效 [J]. 审计研究，2015（1）：106-112.

[87] 于海云，焦学赛. 工作场所运动对员工关系绩效的影响研究：共情的中介作用与工作场所健康促进的调节效应 [J]. 中国人力资源开发，2024，41（3）：52-68.

[88] 肖致明，刘文，杨建芳，等. 心理状态对火车司机安全绩效影响综述 [J]. 中国安全科学学报，2022，32（S2）：13-18.

[89] 郑烨，柴金来，刘敏. 职业倦怠何以影响女性科技工作者的工作绩效 [J/OL]. 科学学研究：1-15[2024-02-11].https：//doi.org/10.16192/j.cnki.1003-2053.20240022.001.

[90] 李乃文，刘健，牛莉霞. 工作倦怠对安全绩效的影响——负性情绪和心智游移的链式中介作用 [J]. 软科学，2018，32（10）：71-74.

[91] BAARD S K, RENCH T A, KOZLOWSKI S W J. Performance adaptation: A theoretical integration and review[J]. Journal of Management, 2014, 40(1): 48-99.

[92] 陈晓暾，杨晓梅，任旭. 家庭支持型主管行为对女性知识型员工工作绩效的影响：一个有调节的中介模型 [J]. 南开管理评论，2020，23（4）：190-200.

[93] 李宁，严进. 组织信任氛围对任务绩效的作用途径 [J]. 心理学报，2007（6）：1111-1121.

[94] 邹卫兵，徐宏毅. 高承诺人力资源管理、延迟退休意愿与工作绩效——基于团队层面的研究 [J]. 华中师范大学学报（人文社会科学版），2024，63（1）：75-82.

[95] 周琦玮，李倩，梁爽. 员工对企业数字化转型的反应研究：基于压力的理论视角 [J]. 心理科学进展，2024，32（04）：1-22.

[96] 高静美，孙艺. 双重就业样态群体的副业内在动机与主业工作绩效 [J]. 中国软科学，2023（11）：213-224.

[97] 施丹，陶祎祎，张军伟，等. 领导-成员交换关系对产业工人敬业度的影响研究 [J]. 管理学报，2019，16（5）：694-703.

[98] 李超平，毛凯贤. 变革型领导对新员工敬业度的影响：认同视角下的研究 [J]. 管理评论，2018，30（7）：136-147.

[99] 陈佩，徐渊，石伟. 服务业员工个人-组织匹配对组织公民行为的影响：有调节的中介模型 [J]. 心理科学，2019，42（2）：407-414.

[100] 马苓，赵曙明，陈昕. 真实型领导对雇佣关系氛围及员工敬业度的影响——组织文化的调节作用 [J]. 管理评论，2020，32（2）：218-231.

[101] 周宇，方至诚，米恩广. 包容型领导、心理资本和员工敬业度的关系研究——工作嵌入的调节作用 [J]. 技术经济与管理研究，2018（11）：54-59.

[102] 李根强，于博祥，孟勇. 发展型人力资源管理实践与员工主动创新行为：基于信息加工理论视角 [J]. 科技管理研究，2022，42（7）：163-170.

[103] 张桂平，廖建桥. 挑战性-阻断性压力对员工敬业度的影响机制研究 [J]. 科研管理，2015，36（2）：152-159.

[104] 范群林，潘双燕，谢小玲. 创业企业员工促进型调节定向对敬业度的影响——基于工作重塑和未应召唤的作用 [J]. 软科学，2021，35（6）：70-75.

[105] 张明. 知识型员工的职业召唤与工作敬业度分析——职业认同的中介作用 [J]. 技术经济与管理研究，2020（5）：14-18.

[106] HAYDUK L A. Personal space: An evaluative and orienting overview[J]. Psychological Bulletin, 1978, 85(1): 117-134.

[107] 宁丽，李富业，杨晓燕，等. 新疆野外石油工人职业紧张与职业倦怠调查 [J]. 卫生研究，2014，43（02）：245-249.

[108] 朱子豪，葛华，李雪，等. 沙漠环境下石油工人职业紧张水平及肌肉骨骼损伤状况调查 [J]. 现代预防医学，2017，44（12）：2135-2137+2153.

[109] 李雪，薛巧云，陶宁，等. 新疆沙漠环境油田作业人员职业紧张状况与高血压发病的关系研究 [J]. 现代预防医学，2019，46（01）：25-29.

[110] 宁丽，关素珍，徐欢，等. 新疆油田野外作业工人职业紧张与睡眠障碍调查 [J]. 环境与职业医学，2017，34（11）：978-982.

[111] 朱陶，李健，薄其波，等. 某海上石油钻井平台作业工人职业紧张现状研究 [J]. 川北医学院学报，2012，27（04）：348-350.

[112] 韩冬柏，刘晓宇，李娜，等. 职业性噪声暴露对石油工人甲襞微循环的影响 [J]. 环境与职业医学，2020，37（04）：348-353.

[113] 赵磊. 浅谈海洋石油井下作业安全管理中存在的问题及对策 [J]. 中国石油和化工标准与质量，2023，43（9）：82-84.

[114] 王璐，廖思奇，马洪林. 心理资本对石油工人职业紧张和工作满意度中介作用分析 [J]. 中国职业医学，2016，43（05）：559-563.

[115] 李榕，闫琪，刘继文. 新疆沙漠石油作业人员职业紧张与高血压关系的队列研究 [J]. 新疆医科大学学报，2019，42（07）：943-947.

[116] 王志奇，葛华，宁丽，等. 野外油田驾驶员职业紧张与工作能力关系研究 [J]. 职业与健康，2016，32（17）：2340-2343.

[117] 谷昆鹏，陶宁，陈雨露，等. 石油工人职业任务状况对高血压发病的

影响研究 [J]. 新疆医科大学学报，2017，40（01）：91-93+97.

[118] 宋杨，李晶，王洁，等. 倒班与石油工人 2 型糖尿病关系 [J]. 中国职业医学，2020，47（06）：646-649.

[119] 赵云娟，张晨，刘继文. 油田作业人员职业紧张因素、工作能力与紧张反应的关系 [J]. 环境与职业医学，2015，32（01）：65-69+73.

[120] 张敏霞，刘涛，安明明，等. 油田采出水中油滴的聚结技术与设备 [J]. 工业水处理，2022，42（03）：33-40.

[121] 叶继红. 石油化工防火防爆技术 [M]. 海洋出版社，2016：31-37.

[122] 赵雷. 川西地区复杂水平井泵送电缆释放测井工艺 [J]. 石油钻探技术，2015，43（6）：66-69.

[123] 刘继文，王治明，王绵珍，等. 石油工人职业紧张与心理健康的关系 [J]. 中华劳动卫生职业病杂志，2002（01）：28-30.

[124] KANE J S. Assessment of the situational and individual components of job performance[J]. Human Performance, 1997, 10(3): 193-226.

[125] BAKKER A B, DEMEROUTI E, DE BOER E, et al. Job demands and job resources as predictors of absence duration and frequency[J]. Journal of Vocational Behavior, 2003, 62(2): 341-356.

[126] BAKKER A B, DEMEROUTI E, EUWEMA M C. Job resources buffer the impact of job demands on burnout[J]. Journal of Occupational Health Psychology, 2005, 10(2): 170-180.

[127] DEMEROUTI E, NACHREINER F, SCHAUFELI W. The job demands-resources model of burnout[J]. The Journal of applied psychology, 2001, 86(3): 499-512.

[128] THEORELL T, HAMMARSTRÖM A, ARONSSON G, et al. A systematic review including meta-analysis of work environment and depressive symptoms[J]. BMC public health, 2015, 15(2015): 738.

[129] BAKA L. The effects of job demands on mental and physical health in the group of police officers. Testing the mediating role of job burnout[J]. Studia Psychologica, 2015, 57(4): 285-299.

[130] 马丽,马梦媛.匹配还是不匹配?需求-资源动态关系对工作-家庭冲突的影响[J].中国人力资源开发,2019,36(11):19-32.

[131] BAKKER A B, DEMEROUTI E. The job demands-resources model: State of the art[J]. Journal of Managerial Psychology, 2007, 22(3): 309-328.

[132] COVERMAN S. Role overload, role conflict, and stress: Addressing consequences of multiple role demands[J]. Social Forces, 1989, 67(4): 965-982.

[133] DECI E L, RYAN R M. The general causality orientations scale: Self-determination in personality[J]. Journal of Research in Personality, 1985, 19(2): 109-134.

[134] 刘晓曼,王超,李霜.某供电企业员工不同模式职业紧张状况及影响因素分析[J].中国职业医学,2016,43(3):320-323+327.

[135] 林琳,宋莹,白新文,等.工作资源对压力源-工作满意度关系的缓冲效应——对匹配假设的检验[J].中国人力资源开发,2013(23):35-41.

[136] LEWIN K. Field theory in social science: Selected theoretical papers[M]. 1st edition. Oxford, England: Harpers, 1951: xx, 346.

[137] BEARDEN W O, WOODSIDE A G, CLAPPER J M. Situational and brand attitude models of consumer choice behavior[J]. Journal of the Academy of Marketing Science, 1976, 4(2): 566-576.

[138] 徐云飞,席猛,赵曙明.包容性领导对员工主动行为的影响机制——基于社会影响理论的视角[J].管理评论,2021,33(6):201-212.

[139] LAZARUS R S. Emotion and adaptation[M]. 1st edition. New York, NY, US: Oxford University Press, 1991: xiii, 557.

[140] EDWARDS J R, BAGLIONI A J. The measurement of coping with stress: Construct validity of the ways of coping checklist and the cybernetic coping scale[J]. Work & Stress, 1993, 7(1): 17-31.

[141] LAZARUS R S, FOLKMAN S. Stress, appraisal, and coping[M]. 1st edition. New York: Springer Publishing Company, 1984: 46-50.

[142] CHADWICK A. Toward a theory of persuasive hope: Effects of cognitive appraisals, hope appeals, and hope in the context of climate change[J]. Health communication, 2015, 30(6): 598-611.

[143] BAGOZZI R P, GOPINATH M, NYER P U. The role of emotions in marketing[J]. Journal of the Academy of Marketing Science, 1999, 27(2): 184.

[144] 姜福斌,王震.压力认知评价理论在管理心理学中的应用:场景、方式与迷思[J].心理科学进展,2022,30(12):2825-2845.

[145] 于宝新.油田测井知识:岗位员工基础问答[M].北京:石油工业出版社,2009:65-80.

[146] 中国石油天然气集团公司工程技术分公司.中国石油天然气集团公司工程技术服务队伍岗位操作技术规范[M].石油大学出版社,2010:19-24.

[147] FREEDMAN S M, PHILLIPS J S. The effects of situational performance constraints on intrinsic motivation and satisfaction: The role of perceived competence and self-determination[J]. Organizational Behavior and Human Decision Processes, 1985, 35(3): 397-416.

[148] KANE K F. Situational factors and performance: An overview[J]. Human Resource Management Review, 1993, 3(2): 83-103.

[149] KELLEY H H. The processes of causal attribution[J]. American Psychologist, 1973, 28(2): 107-128.

[150] 杨绍普,顾晓辉,刘永强,等.转向架关键运动部件动力学机理与故障诊断研究综述[J].机械工程学报,2023,59(20):1-19.

[151] 孙进,陈晓贞,刘名瑞,等.加氢脱硫催化剂钠中毒失活机理[J].化工进展,2023,43(01):1-9.

[152] 陈胜祥,冷超.农村宅基地制度试点改革模式:形成机理、应然类型及实践形态[J].江西社会科学,2023,43(7):121-130.

[153] 杨道建，傅磊，刘素霞. 中小企业安全管理员工作异化形成机理研究[J]. 安全与环境学报，2024，24（04）：1-8.

[154] BERTHELSEN M, PALLESEN S, BJORVATN B, et al. Shift schedules, work factors, and mental health among onshore and offshore workers in the Norwegian petroleum industry[J]. Industrial Health, 2015, 53(3): 280-292.

[155] HEIDER F. The psychology of interpersonal relations[M]. 1st edition. Hoboken, NJ, US: John Wiley & Sons Inc, 1958: ix, 326.

[156] WEINER B, FRIEZE I, KUKLA A, et al. Perceiving the causes of success and failure[M]. 1st edition. Morriston, NJ: General Learning Press, 1971: 2-4.

[157] PERROW C. Normal accidents: Living with high-risk technologies[M]. 2nd edition. Princeton, NJ: Princeton University Press, 1999: 15-31.

[158] BROWN K, MITCHELL T. Organizational obstacles: Links with financial performance, customer satisfaction, and job satisfaction in a service environment[J]. Human Relations, 1993, 46(6): 725-757.

[159] MARTINEZ-TUR V, PEIRO J, RAMOS J. Linking situational constraints to customer satisfaction in a service environment[J]. Applied Psychology, 2005, 54(1): 25-36.

[160] STEEL R P, MENTO A J. Impact of situational constraints on subjective and objective criteria of managerial job performance[J]. Organizational Behavior and Human Decision Processes, 1986, 37(2): 254-265.

[161] HINKIN T R. A review of scale development practices in the study of organizations[J]. Journal of Management, 1995, 21(5): 967-988.

[162] 姜定宇，郑伯壎，任金刚. 组织忠诚：本土化的建构与测量[J]. 本土心理学研究，2003，19（0）：273-337.

[163] GRANT J S, DAVIS L L. Selection and use of content experts for instrument development[J]. Research in Nursing & Health, 1997, 20(3): 269-274.

[164] KASSARJIAN H H. Content analysis in consumer research[J]. Journal of Consumer Research, 1977, 4(1): 8-18.

[165] 中国石油. 中国石油天然气集团有限公司组织机构 [EB/OL]. [2024-05-01]. https：//www.cnpc.com.cn/cnpc/zzjg/nsjg_index.shtml.

[166] 中国石化集团. 中国石化公司简介 [EB/OL]. [2024-05-01]. http：//www.sinopec.com/listco/about_sinopec/our_company/company.shtml.

[167] WHITLEY B, KITE M. Factor analysis, path analysis, and structural equation modeling[M]//Principles of research in behavioral science. 4th Edition. Routledge, 2018: 333.

[168] 王靖宇, 张文珂, 李慧聪. 国有企业冗员与企业创新 [J]. 经济经纬, 2020, 37（3）: 117-124.

[169] 齐奥每倩, 栗继祖. 基于JD-R模型的矿工反生产行为研究的元分析[J]. 矿业研究与开发, 2023, 43（9）: 201-208.

[170] 曾庆生, 陈信元. 国家控股、超额雇员与劳动力成本[J]. 经济研究, 2006（5）: 74-86.

[171] 王彧嫣, 樊大磊, 黄书君, 等. 2022年国内外油气资源形势分析及展望[J]. 中国矿业, 2023, 32（1）: 16-22.

[172] 李虎林, 唐宽晓. 义务教育教师工作资源对教师胜任力的影响——工作重塑的中介作用[J]. 教师教育研究, 2022, 34（1）: 64-70.

[173] 杨时羽, 任润, 张占武, 等. 领导风格和代际特征对中国制造业员工离职的影响[J]. 经济科学, 2021（2）: 97-109.

[174] FARH J L, CHENG B S. A cultural analysis of paternalistic leadership in Chinese organizations[M]//J.T. L, ANNE T, ELIZABETH W. Management and organizations in the Chinese context. Palgrave Macmillan: UK, 2000: 84-127.

[175] AYCAN Z. Paternalism: Towards conceptual refinement and operationalization[M]//YANG K S, HWANG K K, KIM U. Indigenous and cultural psychology: understanding people in context. New York, NY, US: Springer Science + Business Media, 2006: 445-466.

[176] PELLEGRINI E K, SCANDURA T A. Paternalistic leadership: A review and agenda for future research[J]. Journal of Management, 2008, 34(3): 566-593.

[177] 马璐, 张哲源. 威权领导对员工创新行为的影响[J]. 科技进步与对策, 2018, 35（17）: 139-145.

[178] MOLONEY W, BOXALL P, PARSONS M, et al. Factors predicting registered nurses' intentions to leave their organization and profession: A job demands-resources framework[J]. Journal of Advanced Nursing, 2018, 74(4): 864-875.

[179] TAYLOR F W. The Principles of Scientific Management[M]. 1st edition. Mineola, N.Y: Dover Publications, 1997: 13.

[180] 詹启生, 丁奕文, 王丹. 石油工人工作家庭冲突与工作倦怠的关系: 应对方式的中介作用[J]. 中国健康心理学杂志, 2023, 31（1）: 71-76.

[181] 张登浩, 王毅辰, 郑庆颐, 等. 工作要求对煤矿工人不安全行为的影响: 情绪衰竭和行事风格的作用[J]. 中国临床心理学杂志, 2022, 30（3）: 573-577+553.

[182] 李雪, 杨旭, 刘继文. 石油工人职业倦怠与睡眠质量对工作能力影响[J]. 中国职业医学, 2021, 48（03）: 266-271.

[183] BAKKER A B, SCHAUFELI W B. Positive organizational behavior: Engaged employees in flourishing organizations[J]. Journal of Organizational Behavior, 2008, 29(2): 147-154.

[184] 张训常, 刘晔, 周颖刚. "政资分开"能改善国有企业投资效率吗？[J]. 管理科学学报, 2021, 24（04）: 1-18.

[185] 林新奇, 赵国龙, 杨恩明. 基于JDCS模型的医务人员安全绩效研究[J]. 安全与环境学报, 2020, 20（6）: 2232-2238.

[186] MCCARTHY A, GARAVAN T. Postfeedback development perceptions: Applying the theory of planned behavior[J]. Human Resource Development Quarterly, 2006, 17(3): 245-267.

[187] SLEIMAN A A, SIGURJONSDOTTIR S, ELNES A, et al. A quantitative review of performance feedback in organizational settings (1998-2018) [J]. Journal of Organizational Behavior Management, 2020, 40(3-4): 303-332.

[188] BAKKER A B, DEMEROUTI E. Job demands-resources theory[M]// CHEN P Y, COOPER C L. Work and wellbeing, Vol. III. Hoboken, NJ, US: Wiley Blackwell, 2014: 37-64.

[189] XANTHOPOULOU D, BAKKER A, DEMEROUTI E, et al. The role of personal resources in the job demands-resources model[J]. International Journal of Stress Management, 2007, 14(2):121-141.

[190] WARR P. Work, unemployment, and mental health[M]. 1st edition. New York, NY, US: Oxford University Press, 1987: xiv, 361.

[191] WESTWOOD R. Harmony and patriarchy: The cultural basis for "paternalistic headship" among the overseas Chinese[J]. Organization Studies, 1997, 18(3): 445-480.

[192] BEDI A. A meta-analytic review of paternalistic leadership[J]. Applied Psychology, 2020, 69(3): 960-1008.

[193] CHENG B S, CHOU L F, WU T Y, et al. Paternalistic leadership and subordinate responses: Establishing a leadership model in chinese organizations[J]. Asian Journal of Social Psychology, 2007, 7(1): 89-117.

[194] BLAU P M. Exchange and power in social life[M]. 2nd Edition. New Brunswick (U.S.A.): Routledge, 1986: 15-20.

[195] 李英武，张雪儿，钟舒婕. 威权领导对员工反生产工作行为的影响：下属负性情绪和传统性的作用 [J]. 经济与管理研究，2021，42（05）：122–132.

[196] SCOTT S G, BRUCE R A. Determinants of innovative behavior: A path model of individual innovation in the workplace[J]. Academy of Management Journal, 1994, 37(3): 580-607.

[197] 谷盟，弋亚群，王栋晗. 高管团队冲突与战略变化速度——CEO领导

风格的差异化作用[J]. 软科学, 2020, 34（04）: 133-139.

[198] FERNET C, TRÉPANIER S G, AUSTIN S, et al. Transformational leadership and optimal functioning at work: On the mediating role of employees' perceived job characteristics and motivation[J]. Work and Stress, 2015, 29(1): 11-31.

[199] RIAZ A, HAIDER M. Role of transformational and transactional leadership on job satisfaction and career satisfaction[J]. Business and Economic Horizons, 2010, 1(1): 29-38.

[200] SARDESHMUKH S R, SHARMA D, GOLDEN T D. Impact of telework on exhaustion and job engagement: A job demands and job resources model[J]. New Technology, Work and Employment, 2012, 27(3): 193-207.

[201] 张天华, 张少华. 偏向性政策、资源配置与国有企业效率[J]. 经济研究, 2016, 51（2）: 126-139.

[202] 林忠, 王莹, 李会敏. 工作资源、内在动机与个体繁荣——应对策略的调节效应[J]. 财经问题研究, 2022（4）: 92-99.

[203] HU Q, SCHAUFELI W B, TARIS T W. The job demands–resources model: An analysis of additive and joint effects of demands and resources[J]. Journal of Vocational Behavior, 2011, 79(1): 181-190.

[204] EDWARDS J R, COOPER C L. The person-environment fit approach to stress: Recurring problems and some suggested solutions[M]//COOPER C L. From stress to wellbeing Volume 1: the theory and research on occupational stress and wellbeing. London: Palgrave Macmillan UK, 2013: 91-108.

[205] DEMEROUTI E, EUWEMA M. Job resources buffer the impact of job demands on burnout[J]. Journal of Occupational Health Psychology, 2005, 10(2): 170-180.

[206] LIU C, SPECTOR P, JEX S. The relation of job control with job strains: A comparison of multiple data sources[J]. Journal of Occupational and

Organizational Psychology, 2005, 78(3): 325-336.

[207] KARASEK R, BRISSON C, KAWAKAMI N, et al. The job content questionnaire (JCQ): An instrument for internationally comparative assessments of psychosocial job characteristics[J]. Journal of Occupational Health Psychology, 1998, 3(4): 322-355.

[208] GONZALEZ-MULÉ E, MOUNT M K, OH I S. A meta-analysis of the relationship between general mental ability and nontask performance[J]. The Journal of Applied Psychology, 2014, 99(6): 1222-1243.

[209] LEVENSON H. Differentiating among internality, powerful others, and chance[M]//LEFCOURT H. Research with the locus of control construct: Vol 1. 1981: 15-63.

[210] 邱皓政. 量化研究与统计分析 [M]. 重庆：重庆大学出版社, 2013：303.

[211] 吴明隆. 问卷统计分析实务 [M]. 重庆：重庆大学出版社，2010：266-273.

[212] 汤丹丹，温忠麟. 共同方法偏差检验：问题与建议 [J]. 心理科学，2020，43（1）：215–223.

[213] GIAO H N K, VUONG B N, TUSHAR H. The impact of social support on job-related behaviors through the mediating role of job stress and the moderating role of locus of control: Empirical evidence from the Vietnamese banking industry[J]. Cogent Business & Management, 2020, 7(1): 1841359.

[214] 邱皓政，林碧芳. 结构方程模型的原理与应用 [M]. 北京：中国轻工业出版社，2019：1–4.

[215] 吴艳，温忠麟. 结构方程建模中的题目打包策略 [J]. 心理科学进展，2011，19（12）：1859–1867.

[216] WARR P. Work, happiness, and unhappiness[M]. 1st edition. New York: Psychology Press, 2007: 86-90.

[217] SCHAUFELI W B, TARIS T W. A critical review of the job demands-

resources model: Implications for improving work and health[M]// BAUER G, HÄMMIG O. Bridging occupational, organizational and public health: a transdisciplinary approach. New York, NY, US: Springer Science + Business Media, 2014: 43-68.

[218] SANCLEMENTE F J, GAMERO N, ARENAS A, et al. Linear and non-linear relationships between job demands-resources and psychological and physical symptoms of service sector employees. When is the midpoint a good choice?[J]. Frontiers in Psychology, 2022, 13(0): 1-17.

[219] PIERCE J R, AGUINIS H. The too-much-of-a-good-thing effect in management[J]. Journal of Management, 2013, 39(2): 313-338.

[220] CHO I, DIAZ I, CHIABURU D S. Blindsided by linearity? Curvilinear effect of leader behaviors[J]. Leadership & Organization Development Journal, 2017, 38(2): 146-163.

[221] BEDNALL T C, E. RAFFERTY A, SHIPTON H, et al. Innovative behaviour: How much transformational leadership do you need?[J]. British Journal of Management, 2018, 29(4): 796-816.

[222] FIEDLER Fred E. A contingency model of leadership effectiveness[M]// BERKOWITZ L. Advances in experimental social psychology: Vol 1. London, UK: Academic Press, 1964: 149-190.

[223] BAKKER A B, VAN VELDHOVEN M, XANTHOPOULOU D. Beyond the demand-control model: Thriving on high job demands and resources[J]. Journal of Personnel Psychology, 2010, 9(1): 3-16.

[224] KARASEK R A. Job demands, job decision latitude, and mental strain: Implications for job redesign[J]. Administrative Science Quarterly, 1979, 24(2): 285-308.

[225] OSTROM E. Coping with tragedies of the commons[J]. Annual Review of Political Science, 1999, 2(1): 493-535.

[226] HOBFOLL S E, HALBESLEBEN J, NEVEU J P, et al. Conservation of resources in the organizational context: The reality of resources and

their consequences[J]. Annual Review of Organizational Psychology and Organizational Behavior, 2018, 5(1): 103-128.

[227] 中国石油天然气集团有限公司质量安全环保部. 工程技术服务企业生产安全风险防控指南 [M]. 北京：石油工业出版社，2019：20-25.

[228] 赵恒春，李祥权. 资质过剩感对组织知识共享行为的影响途径——基于中国传统文化价值观的调节作用 [J]. 郑州大学学报（哲学社会科学版），2022，55（01）：51-55.

[229] DWECK C S, LEGGETT E L. A social-cognitive approach to motivation and personality[J]. Psychological Review, 1988, 95(2): 256-273.

[230] 宁丽，连玉龙，黄佳，等. 石油工人心理健康状况及相关因素调查分析 [J]. 中国职业医学，2013，40（02）：100-103.

[231] KAHN W A. Psychological conditions of personal engagement and disengagement at work[J]. The Academy of Management Journal, 1990, 33(4): 692-724.

[232] 李慧敏，丁昊，张军，等. 野外油田车辆驾驶员心理健康状况及职业倦怠水平的调查研究 [J]. 新疆医科大学学报，2018，41（04）：498-501.

[233] CAMPBELL J P, MCCLOY R A, OPPLER S H, et al. A theory of performance[M]//SCHMITT N, BORMAN W C. Personnel selection in organizations. San Francisco: Jossey-Bass, 1993: 35-70.

[234] BORMAN W, MOTOWIDLO S. Expanding the criterion domain to include elements of contextual performance[M]//SCHMITT N, BORMAN W C. Personnel selection in organizations. 1st edition. Wiley, 1993: 71-98.

[235] LIN S H, WU C H, CHEN M Y, et al. Why employees with higher challenging appraisals style are more affectively engaged at work? The role of challenging stressors: A moderated mediation model[J]. International Journal of Psychology, 2014, 49(5): 390-396.

[236] ZILKA G C, RAHIMI I D, COHEN R. Sense of challenge, threat, self-efficacy, and motivation of students learning in virtual and blended courses[J]. American Journal of Distance Education, 2019, 33(1): 2-15.

[237] FUGATE M, PRUSSIA G, KINICKI A. Managing employee withdrawal during organizational change: The role of threat appraisal[J]. Journal of Management, 2012, 38(3): 890-914.

[238] HARTER J K, SCHMIDT F L, HAYES T L. Business-unit-level relationship between employee satisfaction, employee engagement, and business outcomes: A meta-analysis[J]. Journal of Applied Psychology, 2002, 87(2): 268-279.

[239] DWECK C. Self-theories: Their role in motivation, personality, and development[M].1st edition London, UK: Psychology Press, 2013: 3-5.

[240] 宋淑娟，姜娜，纪凌开. 成长型思维训练对女生数学－性别刻板印象威胁效应的影响[J]. 教育研究与实验，2022（4）：108-112.

[241] VROOM V H. Work and motivation[M]. 1st edition. Oxford, England: Wiley, 1964: 23-26.

[242] LEPINE M, ZHANG Y, RICH B, et al. Turning their pain to gain: Charismatic leader influence on follower stress appraisal and job performance[J]. Academy of Management Journal, 2015, 59(3): 1036-1059.

[243] SCHAUFELI W B, SALANOVA M, GONZÁLEZ-ROMÁ V, et al. The measurement of engagement and burnout: A two sample confirmatory factor analytic approach[J]. Journal of Happiness Studies, 2002, 3(1): 71-92.

[244] THOMAS C H. A new measurement scale for employee engagement: Scale development, pilot test, and replication[J]. Academy of Management Proceedings, 2007, 2007(1): 1-6.

[245] JANSSEN O, VAN YPEREN N W. Employees' goal orientations, the quality of leader-member exchange, and the outcomes of job performance

and job satisfaction[J]. Academy of Management Journal, 2004, 47(3): 368-384.

[246] GRIFFIN M, NEAL A, NEALE M. The contribution of task performance and contextual performance to effectiveness: Investigating the role of situational constraints[J]. Applied Psychology, 2001, 49(3): 517-533.

[247] BECKER T, BILLINGS R, EVELETH D, et al. Foci and bases of employee commitment: Implications for job performance[J]. Academy of Management Journal, 1996, 39(2): 464-482.

[248] SINGH V, SINGH M. A burnout model of job crafting: Multiple mediator effects on job performance[J]. IIMB Management Review, 2018, 30(4): 305-315.

[249] CHIANG C F, (SHAWN) JANG S. An expectancy theory model for hotel employee motivation[J]. International Journal of Hospitality Management, 2008, 27(2): 313-322.

[250] HAYES A F. Introduction to mediation, moderation, and conditional process analysis, second edition: A regression-based approach[M]. 2nd edition. New York: The Guilford Press, 2017:60.

[251] MAXWELL S E, COLE D A, MITCHELL M A. Bias in cross-sectional analyses of longitudinal mediation: Partial and complete mediation under an autoregressive model[J]. Multivariate Behavioral Research, 2011, 46(5): 816-841.

[252] AJZEN I, FISHBEIN M. Attitude-behavior relations: A theoretical analysis and review of empirical research[J]. Psychological Bulletin, 1977, 84(5): 888-918.

[253] 朱嘉蔚，朱晓妹，孔令卫. 心理契约多元关系路径及其影响效应研究——基于扎根理论的个案分析 [J]. 江西社会科学, 2019, 39（3）: 215-224+256.

[254] 冯健鹏. 主观程序正义理论中国化的逻辑及其展开 [J]. 法学, 2023（1）: 3-16.

[255] BANDURA A, ADAMS N E. Analysis of self-efficacy theory of behavioral change[J]. Cognitive Therapy and Research, 1977, 1(4): 287-310.

[256] BANDURA A. Social cognitive theory of self-regulation[J]. Organizational Behavior and Human Decision Processes, 1991, 50(2): 248-287.

[257] GLANTZ M, SLOBODA Z. Analysis and reconceptualization of resilience[M]//GLANTZ M, JOHNSON J L. Resilience and development: positive life adaptations. NY, US: Springer, 1999: 109-126.

[258] PETERS L H, O'CONNOR E J, RUDOLF C J. The behavioral and affective consequences of performance-relevant situational variables[J]. Organizational Behavior and Human Performance, 1980, 25(1): 79-96.

[259] SONNENTAG S. The recovery paradox: Portraying the complex interplay between job stressors, lack of recovery, and poor well-being[J]. Research in Organizational Behavior, 2018, 38(3): 169-185.

[260] DAI T, CROMLEY J G. Changes in implicit theories of ability in biology and dropout from STEM majors: A latent growth curve approach[J]. Contemporary Educational Psychology, 2014, 39(3): 233-247.

[261] 李尧磊, 张国磊. 压力型体制下的"环保军令状": 运行机制、现实困境与优化路径[J]. 经济社会体制比较, 2022（01）: 139-147.

[262] 蒋建湘, 薛侃. 混合所有制国企制衡治理初探[J]. 中南大学学报（社会科学版）, 2021, 27（6）: 61-69.

[263] ELDOR L, HARPAZ I, WESTMAN M. The work/nonwork spillover: The enrichment role of work engagement[J]. Journal of Leadership & Organizational Studies, 2020, 27(1): 21-34.

[264] 郝昕, 杜本峰, 刘林曦. 老龄化背景下中国健康养老服务面临的挑战及对策[J]. 中州学刊, 2021（7）: 103-106.

[265] 徐依婷. "丧偶式育儿": 城市新生代母亲的母职困境及形成机制[J]. 宁夏社会科学, 2020（6）: 136-143.

[266] 李西营,金奕彤,刘静,等.子女越孝顺老年人越幸福吗?老年人孝道期待的作用[J].心理学报,2022,54(11):1381-1390.

[267] 张雯,王振宏.负性生活事件与青少年内化问题的关系:社会支持的中介作用和亲子亲和的调节作用[J].心理发展与教育,2023,39(5):718-725.

附　录

附录1　测井技术服务员工情景约束访谈提纲

一、访谈主题

目前我们正在做一项关于员工工作条件的研究。在工作中，有一些不受您控制、但却可以干扰或不利于您完成工作任务的工作条件。面对这些不受控制、可以抑制最佳表现的工作情景或事件可能会产生一种约束感知，在学术界被定义为情景约束。

二、访谈问题

1. 请简要介绍一下您在测井技术服务领域的工作经验和角色。
2. 在作业现场，您面临的较常见的工作困境有什么？
3. 在您看来，测井技术服务作业人员的工作环境和工作性质具有什么特色？
4. 刚才您提到的这些工作环境和工作性质是否为您的工作带来额外的挑战？
5. 您在工作中经常遇到哪些工作条件制约？
6. 当您感到被工作条件束缚时，您的工作效率和工作体验有何影响？

7. 您对于测井技术服务员工的工作有何总结或要补充的内容吗?

感谢您的时间和分享,我们为您提供的见解表示衷心的感谢!

附录2　测井技术服务员工情景约束预测试问卷

尊敬的先生/女士:

您好!感谢您在百忙之中参与我们的调查。以下是关于您工作时的一些情况及感受,该问卷将采用不记名方式,答案无对错、好坏之分。您的回答仅用于学术研究,绝不对外公开,因此不会对您的生活有任何影响。您的回答对我们研究有很大的价值,希望您能真实作答,再次感谢您的合作!祝您身体健康,工作顺利,幸福美满!

第一部分:主体问卷

以下是在工作上中有可能使您无法,或很难将工作进行下去的情况描述,请您根据真实情况选择相应的发生频率(1 = 从来没有,或少于一月一次;2 = 一个月一或二次;3 = 一周一或二次;4 = 一天一或二次;5 = 一天数次),见表1。

表1　影响工作进行的情况描述

序号	题项	从来没有	一个月一或二次	一周一或二次	一天一或二次	一天数次
1	受油田勘探开发生产施工规程和流程的限制	1	2	3	4	5
2	测井技术服务关键岗位人员短缺	1	2	3	4	5

续表

序号	题项	从来没有	一个月一或二次	一周一或二次	一天一或二次	一天数次
3	上下级沟通存在障碍	1	2	3	4	5
4	测井技术服务装备配件、消耗材料供应不及时	1	2	3	4	5
5	作业过程中遇阻、遇卡的事件时有发生	1	2	3	4	5
6	不同地域对危化品的管控要求不一致	1	2	3	4	5
7	员工技能水平不具备综合施工服务能力	1	2	3	4	5
8	油田勘探开发投资与测井技术服务企业的衔接不畅	1	2	3	4	5
9	生产组织管理方面存在缺陷	1	2	3	4	5
10	测井技术服务定额没有及时调整	1	2	3	4	5
11	现场施工作业环境恶劣	1	2	3	4	5

第二部分：基本信息部分（仅用于统计，请您完整填答）

1. 岗位年限：__年（在本岗位上工作时间，填写整数，不足1年按照1年计算）。

2. 性别：□男 □女。

3. 您的年龄：__岁。

4. 教育程度：□中专（含高中）及以下 □大专 □本科 □研究生及以上。

5. 岗位职级：

□初级工 □中级工 □高级工 □技师或工程师 □高级技师及以上。

问卷到此结束，再次感谢您的支持与配合！

附录3　测井技术服务员工情景约束正式问卷

尊敬的先生/女士：

您好！感谢您在百忙之中参与我们的调查。以下是关于您工作时的一些情况及感受，该问卷将采用不记名方式，答案无对错、好坏之分。您的回答仅用于学术研究，绝不对外公开，因此不会对您的生活有任何影响。您的回答对我们研究有很大的价值，希望您能真实作答，再次感谢您的合作！祝您身体健康，工作顺利，幸福美满！

第一部分：主体问卷

以下是在工作上中有可能使您无法，或很难将工作进行下去的情况描述，请您根据真实情况选择相应的发生频率（1 = 从来没有，或少于一月一次；2 = 一个月一或二次；3 = 一周一或二次；4 = 一天一或二次；5 = 一天数次），见表2。

表2　影响工作开展的情况描述

序号	题项	从来没有	一个月一或二次	一周一或二次	一天一或二次	一天数次
1	测井技术服务关键岗位人员短缺	1	2	3	4	5
2	上下级沟通存在障碍	1	2	3	4	5
3	测井技术服务装备配件、消耗材料供应不及时	1	2	3	4	5
4	不同地域对危化品的管控要求不一致	1	2	3	4	5
5	员工技能水平不具备综合施工服务能力	1	2	3	4	5
6	油田勘探开发投资与测井技术服务企业的衔接不畅	1	2	3	4	5

续表

序号	题项	从来没有	一个月一或二次	一周一或二次	一天一或二次	一天数次
7	生产组织管理方面存在缺陷	1	2	3	4	5
8	测井技术服务定额没有及时调整	1	2	3	4	5
9	现场施工作业环境恶劣	1	2	3	4	5

第二部分：基本信息部分（仅用于统计，请您完整填答）

1. 岗位年限：__年（在本岗位上工作时间，填写整数，不足1年按照1年计算）。

2. 性别：□男　□女。

3. 您的年龄：__岁。

4. 教育程度：□中专（含高中）及以下　□大专　□本科　□研究生及以上。

5. 岗位职级：

□初级工　□中级工　□高级工　□技师或工程师　□高级技师及以上。

问卷到此结束，再次感谢您的支持与配合！

附录4　正式调研问卷（第一次）

尊敬的朋友：

您好！

感谢您在百忙之中拨冗参与这次关于测井技术服务员工的研究课题！

为了方便您的填写,特对本问卷进行如下说明:

1. 我们的研究旨在发现企业的行为规律,您的填写没有所谓对错或好坏之分,请您按照个人感知到的实际情况客观地填答。

2. 本问卷所有数据仅作为科学研究使用,我们保证您的回答将严格保密,不会对您的生活和工作产生任何影响,请放心填写。

3. 请您将完成填答的问卷直接交给研究人员或本单位工作人员。

4. 请您在答题前认真阅读说明,并根据您的真实感受填写问卷。

衷心感谢您的支持与配合!

第一部分:主体问卷

1. 以下是对您的直接主管或领导的描述,请您根据真实情况选择(1=完全不符合;2=不符合;3=不确定;4=符合;5=完全符合),见表3。

表3 对直接主管或领导的描述

序号	题项	符合程度				
1	上司关心我们的个人日常生活	1	2	3	4	5
2	上司平常会向我嘘寒问暖	1	2	3	4	5
3	对相处较久的部属,上司会做到无微不至的照顾	1	2	3	4	5
4	当我遇到困难时,上司会鼓励我	1	2	3	4	5
5	上司会为下属处理日常生活中的难题	1	2	3	4	5
6	上司从不公报私仇	1	2	3	4	5
7	上司以德取人,不嫉妒他人的能力和美德	1	2	3	4	5
8	上司为人正派,不会假公济私	1	2	3	4	5

续表

序号	题项	符合程度				
9	上司不会抢我的功劳	1	2	3	4	5
10	上司不会占我的小便宜	1	2	3	4	5
11	上司要求我完全服从他/她的领导	1	2	3	4	5
12	大小事情都由上司自己独立决定	1	2	3	4	5
13	开会时，都按照上司的意思做最后的决定	1	2	3	4	5
14	与上司一起工作时，带给我很大的压力	1	2	3	4	5

2.以下是对您平日可能的工作状态的描述（1=完全不符合；2=不符合；3=不确定；4=符合；5=完全符合），见表4。

表4 对您平日可能的工作状态的描述

序号	题项	符合程度				
1	月度须完成5口以上4000米标准井的数据采集	1	2	3	4	5
2	必须取全取准测井资料才能达到工作要求	1	2	3	4	5
3	比起劳动定额中的标准井，实际井况地层非常复杂	1	2	3	4	5
4	作业队员技能水平不同导致我必须承担其他岗位工作	1	2	3	4	5
5	测井技术服务施工现场对我的情绪影响很大	1	2	3	4	5
6	工作中面临情绪激动的情况	1	2	3	4	5
7	在工作中需要与不断抱怨的人打交道	1	2	3	4	5
8	装备的下井、快速解释数据需要弯曲或扭动身体	1	2	3	4	5
9	在工作中需要逐段、重复测量	1	2	3	4	5
10	测井段每段的数据变化采集需要重复动作	1	2	3	4	5
11	经常需要长时间以相同的坐姿或站姿工作	1	2	3	4	5
12	我的工作影响了我正常的家庭生活	1	2	3	4	5
13	工作需要我投入大量的时间，让我很难尽到家庭的责任	1	2	3	4	5
14	由于工作职责所在，我不得不改变我的家庭活动计划	1	2	3	4	5
15	我对我的工作有很大的决策权	1	2	3	4	5

续表

序号	题项	符合程度				
16	我的工作允许我在职责范围内独立处理事情	1	2	3	4	5
17	工作中我有很多机会独立自主决定如何完成任务	1	2	3	4	5
18	我在工作中有机会建立亲密的友谊	1	2	3	4	5
19	我在工作中有机会结识他人	1	2	3	4	5
20	我有机会在工作中与他人见面	1	2	3	4	5
21	和我一起工作的人都对我很关心	1	2	3	4	5
22	和我一起工作的人都很友好	1	2	3	4	5
23	我的工作方式很少被评估	1	2	3	4	5
24	我经常会收到所做工作质量的反馈	1	2	3	4	5
25	我不知道工作做得如何	1	2	3	4	5

3.您多大程度上同意以下对您的描述（1 = 完全不同意；2 = 不同意；3 = 不确定；4 = 同意；5 = 完全同意），见表5。

表5　您对以下描述的同意程度

序号	题项	同意程度				
1	我能否成为一名领导者主要取决于我的能力	1	2	3	4	5
2	我在为未来做计划时，坚信可将其实现	1	2	3	4	5
3	通常情况下我可以保护自身利益	1	2	3	4	5
4	我之所以心如所愿，是因为我辛勤的付出	1	2	3	4	5
5	个人的智力基本上是无法改变的	1	2	3	4	5
6	人的智力水平是一定的，无法改变太多	1	2	3	4	5
7	人可以学习新事物，却无法改变自己的智力	1	2	3	4	5

第二部分：基本信息部分（仅用于统计，请您完整填答）

请根据您的个人情况进行填写或在适合的选项上打"√"。

您的姓名首字母缩写：_____（请求您真实填写，仅用于后续数据的配对，不会出现在除此之外的任何地方，不会泄露您任何信息）。

您直接领导的姓名首字母缩写：_____（请求您真实填写，仅用于后续数据的配对，不会出现在除此之外的任何地方，不会泄露您任何信息）。

1. 岗位年限：__年（在本岗位上工作时间，填写整数，不足1年按照1年计算）。

2. 性别：□男　□女。

3. 您的年龄：__岁。

4. 教育程度：□中专（含高中）及以下　□大专　□本科　□研究生及以上。

5. 岗位职级：

□初级工　□中级工　□高级工　□技师或工程师　□高级技师及以上。

问卷到此结束，再次感谢您的支持与配合！

附录5　正式调研问卷（第二次）

尊敬的朋友：

您好！

感谢您在百忙之中拨冗参与这次关于测井技术服务员工的研究课题！

为了方便您的填写，特对本问卷进行如下说明：

1. 我们的研究旨在发现企业的行为规律，您的填写没有所谓对错或好坏之分，请您按照个人感知到的实际情况客观地填答。

2. 本问卷所有数据仅作为科学研究使用，我们保证您的回答将严格保密，不会对您的生活和工作产生任何影响，请放心填写。

3. 请您将完成填答的问卷直接交给研究人员或本单位工作人员。

4. 请您在答题前认真阅读说明，并根据您的真实感受填写问卷。

衷心感谢您的支持与配合！

第一部分：主体问卷

1. 以下是在工作中有可能使您无法，或很难将工作进行下去的情况描述。请您根据真实情况选择与您工作符合程度（1 = 完全不符合；2 = 不符合；3 = 不确定；4 = 符合；5 = 完全符合），见表6。

表6 影响工作开展的情况描述

序号	题项	符合程度				
1	测井技术服务关键岗位人员短缺	1	2	3	4	5
2	上下级沟通存在障碍	1	2	3	4	5
3	测井技术服务装备配件、消耗材料供应不及时	1	2	3	4	5
4	不同地域对危化品的管控要求不一致	1	2	3	4	5
5	员工技能水平不具备综合施工服务能力	1	2	3	4	5
6	油田勘探开发投资与测井技术服务企业的衔接不畅	1	2	3	4	5
7	生产组织管理方面存在缺陷	1	2	3	4	5
8	测井技术服务定额没有及时调整	1	2	3	4	5
9	现场施工作业环境恶劣	1	2	3	4	5

2. 在上面这道题中，您看到了一些不受您控制、但却可以干扰或不利于您完成工作任务的因素，例如完成分配工作所需的时间不足、公司条例和程序的限制或不断被他人干扰、打断。这些不受控制、可以抑制您发挥最佳表现的工作情景或事件能够让您产生一种约束

感，我们把这种约束感定义为情景约束。根据以上定义，您多大程度上同意以下对您的描述（1＝完全不同意；2＝不同意；3＝不确定；4＝同意；5＝完全同意），见表7。

表7 对以下描述的同意程度

序号	题项	同意程度				
1	克服情景约束并努力达成工作要求有助于我的个人成长和幸福感	1	2	3	4	5
2	我觉得情景约束激励我实现个人目标和取得成就	1	2	3	4	5
3	总的来说，我觉得情景约束促进了我的个人成就	1	2	3	4	5
4	克服情景约束并努力实现工作要求会阻碍我的个人成长和幸福	1	2	3	4	5
5	我觉得情景约束限制了我实现个人目标和发展	1	2	3	4	5
6	总的来说，我觉得情景约束阻碍了我的个人成就	1	2	3	4	5

3.您多大程度上认同对以下对工作的描述（1＝完全不同意；2＝不同意；3＝不确定；4＝同意；5＝完全同意），见表8。

表8 您对以下工作状态的描述同意程度

序号	题项	同意程度				
1	如果我努力工作，我的工作表现会提高	1	2	3	4	5
2	如果我努力工作，我会取得更多成就	1	2	3	4	5
3	如果我在工作上更加努力，我的工作效率会大大提升	1	2	3	4	5
4	如果我在工作中更加努力，我将被视为一个高效员工	1	2	3	4	5
5	工作表现好将获得丰厚的报酬	1	2	3	4	5
6	工作表现好将获得更多奖金	1	2	3	4	5
7	工作表现好将获得加薪	1	2	3	4	5
8	工作表现好才会有更多的晋升机会	1	2	3	4	5
9	工作表现好让我获得成就感	1	2	3	4	5
10	工作表现好让我自我感觉很好	1	2	3	4	5
11	工作表现好让我对工作有更多的责任/控制	1	2	3	4	5
12	工作表现好让我充分发挥技能和能力	1	2	3	4	5

4. 您认为以下因素在您工作中的重要程度（1 = 完全不重要；2 = 不重要；3 = 不确定；4 = 重要；5 = 非常重要），见表9。

表9 以下因素在您工作中的重要程度

序号	题项	重要程度				
1	丰厚的报酬	1	2	3	4	5
2	奖金增加	1	2	3	4	5
3	加薪机会	1	2	3	4	5
4	升职机会	1	2	3	4	5
5	工作趣味性	1	2	3	4	5
6	工作责任和控制感	1	2	3	4	5
7	工作挑战性	1	2	3	4	5
8	技能和能力充分发挥	1	2	3	4	5
9	成就感	1	2	3	4	5
10	个人成长和发展	1	2	3	4	5

第二部分：基本信息部分（仅用于统计，请您完整填答）

请根据您的个人情况进行填写或在适合的选项上打"√"。

您的姓名首字母缩写：_____（请求您真实填写，仅用于后续数据的配对，不会出现在除此之外的任何地方，不会泄露您任何信息）。

您直接领导的姓名首字母缩写：_____（请求您真实填写，仅用于后续数据的配对，不会出现在除此之外的任何地方，不会泄露您任何信息）。

1. 岗位年限：__年（在本岗位上工作时间，填写整数，不足1年按照1年计算）。

2. 性别：□男　□女。

3. 您的年龄：__岁。

4. 教育程度：□中专（含高中）及以下　□大专　□本科　□研究生及以上。

5. 岗位职级：

□初级工　□中级工　□高级工　□技师或工程师　□高级技师及以上。

问卷到此结束，再次感谢您的支持与配合！

附录6　领导问卷

尊敬的领导：

您好！

感谢您在百忙之中拨冗参与这次关于测井技术服务员工的研究课题！

为了方便您的填写，特对本问卷进行如下说明：

1. 我们的研究旨在发现企业的行为规律，您的填写没有所谓对错或好坏之分，请您按照个人感知到的实际情况客观地填答。

2. 本问卷所有数据仅作为科学研究使用，我们保证您的回答将严格保密，不会对您的生活和工作产生任何影响，请放心填写。

3. 请您将完成填答的问卷直接交给研究人员或本单位工作人员。

4. 请您在答题前认真阅读说明，并根据您的真实感受填写问卷。

衷心感谢您的支持与配合！

第一部分：主体问卷

以下是对您下属员工平日可能的工作状态描述，成员 1～6 可以用姓名的首字母缩写代替。请您根据真实情况选择（1 = 完全不符合；2 = 不符合；3 = 不确定；4 = 符合；5 = 完全符合）见表 10。

第二部分：基本信息部分（仅用于统计，请您完整填答）

请根据您的个人情况进行填写或在适合的选项上打"√"。

您的姓名首字母缩写：＿＿＿＿＿（请求您真实填写，仅用于后续数据的配对，不会出现在除此之外的任何地方，不会泄露您任何信息）

1. 岗位年限：__年（在本岗位上工作时间，填写整数，不足 1 年按照 1 年计算）。

2. 性别：□ 男　□ 女。

3. 您的年龄：__岁。

4. 教育程度：□中专（含高中）及以下　□大专　□本科　□研究生以上。

5. 岗位职级：

□初级工　□中级工　□高级工　□技师或工程师　□高级技师及以上。

问卷到此结束，再次感谢您的支持与配合！

表 10　对您属下员工平日可能的工作状态描述

序号	题　项	成员 1 姓名	成员 2 姓名	成员 3 姓名	成员 4 姓名	成员 5 姓名	成员 6 姓名
1	愿意真正推动自己实现具有挑战性的工作目标	1 2 3 4 5	1 2 3 4 5	1 2 3 4 5	1 2 3 4 5	1 2 3 4 5	1 2 3 4 5
2	准备全力以赴履行其工作职责	1 2 3 4 5	1 2 3 4 5	1 2 3 4 5	1 2 3 4 5	1 2 3 4 5	1 2 3 4 5
3	由于想到更有效地完成工作的新方法而感到很兴奋	1 2 3 4 5	1 2 3 4 5	1 2 3 4 5	1 2 3 4 5	1 2 3 4 5	1 2 3 4 5
4	热衷于提供高质量的产品或服务	1 2 3 4 5	1 2 3 4 5	1 2 3 4 5	1 2 3 4 5	1 2 3 4 5	1 2 3 4 5
5	为了做好工作，总是愿意"加倍努力"	1 2 3 4 5	1 2 3 4 5	1 2 3 4 5	1 2 3 4 5	1 2 3 4 5	1 2 3 4 5
6	努力不断提高工作绩效对其非常重要	1 2 3 4 5	1 2 3 4 5	1 2 3 4 5	1 2 3 4 5	1 2 3 4 5	1 2 3 4 5
7	工作是其个人自豪感的源泉	1 2 3 4 5	1 2 3 4 5	1 2 3 4 5	1 2 3 4 5	1 2 3 4 5	1 2 3 4 5
8	决心完整、彻底地完成所有工作职责	1 2 3 4 5	1 2 3 4 5	1 2 3 4 5	1 2 3 4 5	1 2 3 4 5	1 2 3 4 5
9	准备全心全意地投入工作	1 2 3 4 5	1 2 3 4 5	1 2 3 4 5	1 2 3 4 5	1 2 3 4 5	1 2 3 4 5
10	经常计划与安排自己的工作日程	1 2 3 4 5	1 2 3 4 5	1 2 3 4 5	1 2 3 4 5	1 2 3 4 5	1 2 3 4 5
11	一直以来做到较高水准的工作质量	1 2 3 4 5	1 2 3 4 5	1 2 3 4 5	1 2 3 4 5	1 2 3 4 5	1 2 3 4 5
12	任务总是可以在规定时间内完成	1 2 3 4 5	1 2 3 4 5	1 2 3 4 5	1 2 3 4 5	1 2 3 4 5	1 2 3 4 5
13	总体来说，工作效率较高	1 2 3 4 5	1 2 3 4 5	1 2 3 4 5	1 2 3 4 5	1 2 3 4 5	1 2 3 4 5
14	可以做好公司要求的任务	1 2 3 4 5	1 2 3 4 5	1 2 3 4 5	1 2 3 4 5	1 2 3 4 5	1 2 3 4 5